肌がキレイになる!!
化粧品選び

境野米子

コモンズ

プロローグ

わたしもお化粧が好きです

お肌のトラブル続きだった、わたし

「お化粧が好きですか」と聞かれれば、迷わずに「好き」と答えます。自宅が仕事場なので、パソコンに向かうときはノーメイク。でも、外出のときは軽くファンデーションと口紅をつけるし、講演するときはチーク(ほお紅)やアイシャドーも塗ります。シミやシワが隠れるせいか、若々しく、ひきしまった感じになりますね。わたしにとって、化粧品はなくてはならないものなのです。

ところが、わたしは敏感肌で、かぶれやすいうえに、乾燥肌です。以前は、化粧品メーカーがすすめるとおりに乳液やクリームを塗り、マッサージし、パックもしてきましたが、トラブル続きが悩みの種でした。赤くなってはれ上がり、かゆくてたまりません。かきすぎるために、グチュグチュした炎症が顔のどこかに必ずあって、口のまわりにはよくブツブツができました。おまけに、鼻は脂ぎって、ほおはカサカサ。メイクで隠したいけれど、

化粧品を使うとさらに悪化するという繰り返しでした。

それで、自分に合う化粧品と化粧法、使う側の疑問に対してきちんと答えてくれるメーカーを探し続けてきました。『買ってもよい化粧品 買ってはいけない化粧品』（コモンズ、00年）をはじめとして、これまで書いてきた化粧品に関する本は、結局は自分のための化粧品探しの報告書のようなものです。

化粧品は化学物質なのです

化粧品でかぶれやアレルギーなどの皮膚障害を起こすのは、決してわたしばかりではありません。全国の消費生活センターへ寄せられる危害情報のトップは、毎年「化粧品による皮膚障害」です。それが10年以上も変わらないという事実が、その深刻さを物語っています。被害者の9割は女性。化粧品の購入代金がもっとも多い20代が被害も多く受けていて、31％でトップ。続いて、30代23％、40代17％の順で、10代にも広がっています（国民生活センター編『消費生活年報２００１』01年、より）。

しかし、デパートの化粧品売り場に相談に行っても、「よくマッサージしてからお使いください」とか「お肌のこのあたりに上手に塗りましょう」というように、使い方と塗り方の指導だけ。そして、「この商品なら、お客様にも大丈夫です」と言ってすすめます。でも、信用して使ってかぶれても、返品や返金に応じてくれた化粧品メーカーはほとんどありませんでした。

化粧品売り場では、化粧品でアレルギーをはじめとしてどんな症状が起きる可能性があるかなどのマイナス情報や、使われている化学物質については、まったく教えてもらえません。だから、化粧品は化学物質でつくられているという、当たり前の基本的な情報すら、多くの女性にとどいていないのです。そのため、８０００種類を超えるといわれる原料のうち、わずか１０２種類の指定成分を使わないだけの化粧品が「無添加化粧品」として長いあいだ宣伝され、信じられてきました。

化粧品について調べれば調べるほど、消費者として知りたい情報が隠されすぎている現実に驚きます。食品の表示と比べると、その異常さは際立っています。01年4月に薬事法が改正されるまでは、全成分表示が義務づけられていませんでした。また、美白化粧品、ニキビ用化粧品、染毛剤などは「医薬部外品」であるという理由で、いまも全成分表示をまぬがれています。アレルギー物質の表示もありません。一部のメーカーを除いては、製造年月日表示もありません。

それに比べて、女性誌に掲載されている記事や広告、テレビで日々流されるコマーシャルの、なんと多いことでしょうか。広告主であるメーカーに気をつかうために、大手出版社が出す女性誌には、化粧品の問題点を扱う記事は載りません。

安全を確かめて、肌に合ったものを使おう

わたしの本の読者や講演を聞いてくださった方たちから、たびたび質問されてきました。

「乾燥肌や敏感肌でも使える化粧品は何ですか」
「安心できる化粧品メーカーを紹介してください」
「安全な化粧品を教えてほしい」

わたしと同じようにお肌のトラブルに悩み、使えそうな化粧品を必死に探す気持ちは、よくわかります。でも、「だれにでも絶対に安全」と自信をもって推薦することは、正直に言ってできません。どんな化粧品が合うかは、お肌の状態によってさまざまだからです。

化粧品選びで一番大切なのは、自分の肌に合ったものを使うこと。「お肌がよみがえりますよ」と言葉たくみにすすめられたからといって、無条件に手を出してはいけません。また、「無添加だから安心」「植物成分は体によい」などの思い込みもやめましょう。

ある35歳の女性は、アロエエキス配合のクレンジングクリームで両ほおにかゆみをともなう湿疹ができました。61歳の女性は、アロエ入りのボディーシャンプーを4日間使ったら、腰と右のお尻に湿疹が出ました。アロエといえば体によさそうに思いますが、合う人と合わない人がいるのです。一度アレルギーを起こすと、その化粧品はもう使えなくなります。もちろん、こうした例は、アロエに限ったことではありません。

そして、炎症が起きている肌に使える化粧品はないと考えてください。化粧品は基本的に、健康な肌の人を対象につくられています。一度でもかぶれた場合は、パッチテストで肌に異常が起きないかどうかを試してみてから、使うように習慣づけましょう。使おうとしている化粧品を少量染み込ませた小さな布を腕の内側に貼り付けて、2日間ぐらい様子

を見てください（114ページ参照）。

また、化粧水、乳液、美容液、クリーム、洗顔剤などをまとめてセットで買ってはダメ。ひとつひとつ肌への安全を確かめてから使うのが基本です。そもそも、化粧水だけで突っ張らない肌なら、わざわざ乳液を塗る必要はありません。

洗いすぎにご注意

次に大切なのは、化粧や汚れは落としても皮膚のバリア（防御）機能をもつ皮脂を落としすぎないこと。皮膚には多くの免疫細胞があり、外界から守る役割を果たしているからです。くれぐれも、洗いすぎに気をつけてください。

いまや20代～40代の女性の半分近くが「敏感肌」と答える時代。しかも、敏感肌は増加傾向にあるといわれています。原因は、おもに次の5つです。

① 洗顔剤やクレンジング剤、薬用石けんやシャンプーなどを大量に使っての洗いすぎによる、皮膚のバリア機能の低下。

② 肌の保水能力が衰え、冷暖房の過剰な使用もあって、乾燥がすすんでいること。

③ 化粧品の成分として含まれている化学物質。

④ アレルギー性物質や刺激がある物質に肌が敏感になっていること。

⑤ ゴワゴワしたタオルや衣類、アクセサリーなど。

敏感肌の特徴は、刺激に弱く、かぶれやすいことです。

化粧品メーカーは、「化粧を落とすためには、洗顔剤やクレンジング剤が必要です」と宣伝し、さかんに販売しています。実際、使っている女性が多いでしょう。しかし、こうした製品には、強力な脱脂力をもつ合成界面活性剤が配合されています。

合成界面活性剤自身の刺激は弱く、アレルギーを起こしたというデータもほとんどありません。ただ、化学物質が皮膚から吸収されやすくなるうえに、強力な脱脂力で皮膚の免疫力を低下させます。つまり、こうした洗顔剤やクレンジング剤で朝に晩にせっせと洗っていると、皮脂が取り去られ、新たに皮脂をつくる能力に追いつかなくなるのです（シャンプーも同様）。

その結果、保水能力が衰え、カサカサとした乾燥肌や刺激を受けやすい敏感肌になってしまいます。そこへ数多くの化粧品を塗るのですから、アレルギーが起きやすくなるのは当然でしょう。

欧米では、クレンジング剤を使っては顔を洗わないようです。一般的に、クレンジングクリームで化粧を落とし、そのまま水洗いしています。

私の経験では、ほとんどすべての化粧はふつうの固形石けんで落ちます。治療が必要な炎症状態の肌でないかぎりは、敏感肌用の石けんや薬用石けんではなく、ふつうの石けんで十分です。こうした洗顔方法なら、健康な肌が保てます。そして、ふつうの石けん洗顔で落とせないような化粧（ファンデーションやアイメイク）は、毎日はしないことです。

わたしが信頼できるメーカーや化粧品

「だれにでも絶対に安全」とは言えないと書きましたが、わたしが信頼しているメーカや好きなメーカーはあります。「お金を出して買ってもよい」「使ってみたい」と思える化粧品、実際に使っている化粧品も、たくさんあります。

そこで第2章では、そうしたメーカーや化粧品を紹介しました。ただし、繰り返して念を押しますが、必ずご自分の肌に合うかどうかを確かめてお使いください。

生活も見直そう

そして、お化粧を楽しむ前提として、きれいな肌を保つような生活習慣が大事です。具体的には、早寝早起き、穀物と野菜を中心にした食事、適度な運動、タバコを吸わない、アルコールの節制……。とくに食事は、精製度が低い玄米や胚芽米、分(ぶ)づき米（玄米と白米のあいだの状態）などを主食にすると、ガンや糖尿病などの生活習慣病を予防できるし、ダイエットにもなり、一挙両得です。

CONTENTS

肌がキレイになる!! 化粧品選び

プロローグ

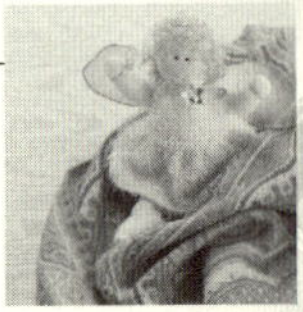

CHAPTER 1

CONTENTS

CHAPTER 2

CHAPTER 3

CHAPTER 4

◆カバー・本文カラー写真・章扉写真撮影／三ツ谷光久

CHAPTER 1

これだけ知れば、あなたも素肌美人

1　素肌を守るための選び方と使い方

ふだんの化粧はシンプルに

特別なことがないときは、なるべくシンプルな化粧を心がけましょう。

基礎化粧品は、若い女性や健康な肌の女性なら、基本的に化粧水だけで十分。どうしても乾燥するという場合は、たまに保湿クリームやオイルをカサカサするところにだけ塗ってください。化粧水は、油分と合成界面活性剤ができるだけ入らない商品がおすすめです。油分が入っていると、自分の皮脂が出にくくなり、皮膚の免疫力が落ち、ますます乾燥肌になるし、シワのもとにもなります。

美容液に多用されている保湿剤のしっとり感は、一過性のものです。肌を継続的にしっとりさせる効果はありません。過信しないでください。

メイク化粧品については、通勤やふつうの外出なら、口紅(発ガン性が指摘されているタール色素が含まれていないもの)だけ、あるいはファンデーションと口紅だけといったポイントメイクにしましょう。

もちろん、家にいるときは何もつけずに、お肌の休日をつくってあげます。

これらを守っていれば、いつまでも健康な肌が保てるはずです。

CHAPTER 1 これだけ知れば、あなたも素肌美人
naturals

基礎化粧品の選び方

まず、乳液や美容液は安定性に問題があり、おすすめできません。変質しやすいために、合成界面活性剤や保存料や酸化防止剤などが多く使われているからです。また、美容液には、粘り気を出すための増粘剤としてシリコーン系のシクロメチコンなど化学合成品の水溶性高分子（合成ポリマー）が配合されており、ゼノア化粧料（東京美容科学研究所）の小澤王春（たかはる）社長は「皮膚環境が破壊される」と警告しています。ポリマーというのは、石油からつくられる化合物がたくさん結合している状態です。シクロメチコンは油状の合成樹脂で、皮膚に密着して強い皮膜をつくります。そのため、化粧品の安定性が増し、化粧くずれしにくくなりますが、皮膚呼吸が妨げられるなど、皮膚にとっては健康な状態とはいえません。

私は55歳ですが、冬でもふだんは化粧水しか使いません。さんざん苦労してたどりついた究極のケアは、手づくりの酸性化粧水でした（つくり方は117ページ参照）。いまは、クリームや美容液などを使う必要を感じていません。使うとかえって肌が突っ張った感じで、皮膚が呼吸できないような、うっとうしさを感じてしまうからです。

また、化粧品メーカーは、お肌の手入れとしてさかんにマッサージをすすめますね。でも、わたしのような敏感肌の場合は、マッサージはしないほうがよいでしょう。マッサージによって、化粧品の化学物質が肌から吸収されやすくなるためです。わたしは顔がほてり、赤くなって、なかなかおさまりません。流行しているフェイシャルエステを短い時間だけ受けた経験がありますが、トマトのような顔で半日を過ごすことになってしまいました。

化粧水は油分が入っていないものを選び、「乾燥肌用」は避けましょう。油分に加えて、保湿剤や合成界面活性剤が配合されているからです。油分が入っているかどうかは、ビンを振ってみるとわかります。泡がなかなか消えなければ、油分や合成界面活性剤が配合されていると考えて間違いありません。

さらに、化粧水やクリームにタール色素は不要です。色のついていない商品を選んでください。アレルギーがあったり肌にトラブルのある女性は、香料も含まれていないものがよいでしょう。色素や香料は、肌にとっては刺激物。アレルギーや炎症を起こす原因物質であることを、くれぐれも忘れないでください。香りがほしければ、上等な香水をハンカチや下着にしのばせることです。

また、最近は各メーカーが競って、老化防止をうたう美白化粧品を販売しています。しかし、年をとった女優さんにシワがないのは、整形手術のおかげです。医者が使う薬品にはシミやシワを取る効果がありますが、化粧品ではシミやシワは取れません。そんな効果を期待して使うのは、ばかげています。化粧品はあるがままの素肌をいたわるためのものと考え、上手に付き合っていきたいものです。美白化粧品は必要ありません。

123ページには、要注意成分の一覧表を載せました。基礎化粧品や、毎日のように使う化粧品の場合は、これらが含まれていないものを選ぶようにしましょう。

よそゆきメイクのときは成分に目をつぶる

たまに使う化粧品であれば、環境ホルモン作用がある物質が使われていても、現時点では目をつ

ぶるようにしています。よそゆきのメイクをするときは、短い時間なら、華やかな装いに合わせてタール色素入りの口紅を塗るのも、やむをえないでしょう。わたしも、講演をするときやパーティーに出かけるときは、目のまわりの化粧品のなかでは比較的に害が少ない眉墨を使い、眉を描きます。

また、最近は日常的にマニキュアをする女性が多くなりました。しかし、マニキュアには99ページでくわしく説明するフタル酸ジブチルのほか、発ガン性などがあるオキシベンゾンが、劣化や色あせを防ぐために含まれています。やはり、特別なときに塗るものと考えてください。

メイク化粧品の選び方

ファンデーションには、香料やパラベンなど皮膚障害を起こしやすい成分が含まれている場合があります。敏感肌だったり、アレルギーや肌のトラブルを起こしやすい人は、刺激に弱いので、肌から吸収されにくい商品を選ばなければなりません。液状タイプはシクロメチコンなどに合成界面活性剤が加えられています。固形や粉のほうが吸収されにくいので、パウダータイプがおすすめです。私は買物などふだんの外出にはパウダータイプだけ、スーツを着てよそゆきの格好をするときはリキッドタイプやクリームタイプと、使い分けています。

口紅は、香りをチェック。飲み物や食べ物の微妙な香りを楽しめないような強い香料が使われているものは避けます。とりわけ、外国の口紅は香りが強く、要注意です。また、鮮やかな発色で色もちするタール色素入り(よそゆき用)と、タール色素が使われていない口紅(日常用)とを使い分け

ると、よいでしょう。

アイシャドーやアイライナーなど目のまわりの化粧は、毎日はしないほうが賢明です。目の周辺は脂分が少なく、一番敏感な部分といわれています。また、眉は刺激に弱いので、眉墨でこすり続けると薄くなり、生えにくくなるからです。

なお、いずれも、発ガン性や環境ホルモン作用があるジブチルヒドロキシトルエン（BHT）やブチルヒドロキシアニソール（BHA）が酸化防止剤として入っているものは、避けてください（28ページ参照）。BHTは国際ガン研究機関によって動物実験で発ガン性がある程度確かめられているうえに、人間は一般に動物よりも化学物質の影響を受けやすいことがわかっています。

化粧落としは石けんで

薄化粧とポイントメイク程度なら、石けんで簡単に落とせます。油分や保湿剤が含まれている洗顔剤やクレンジングクリームには脂分を溶かす力が強い合成界面活性剤が使われています。そのため、肌にとって必要な脂分まで取り去り、治療が必要なほどの乾燥肌にしてしまうのです。

ただし、最近は石けんにも合成界面活性剤が入るようになりました。泡立ちがとてもよい石けんや、ゆすいでもぬめりがとれないような固形石けんは、要注意です。表示をしっかり読んで成分をチェックするか、信頼のおけるメーカーのものを選びましょう。

紫外線対策の基本は帽子、長袖、日がさ

最近は、紫外線の有害性がひんぱんに指摘されています。そのため、「何も塗らないのはかえって危険。紫外線を防ぐサンスクリーン剤（UVカット化粧品・日焼け止め化粧品）を使ったほうがよいのでは」と心配される方が増え、何を使うか相談されるケースが多くなりました。

しかし、日本で紫外線のはっきりとした増加傾向は認められない、と報告されています（環境省『紫外線保健指導マニュアル』03年）。化粧品メーカーの過剰な「紫外線が危険」キャンペーンにまどわされないほうがよいでしょう。

しかも、大半のサンスクリーン剤には、発ガン性や環境ホルモン作用が指摘されているオキシベンゾン（紫外線吸収剤）が含まれています。それに、使ってみればわかりますが、皮膚がふさがれる感じがして、使い心地もよくありません。石けんで落としにくい製品もあります。こうした理由から、わたしは積極的にサンスクリーン剤の使用をすすめる気はしません。

まず、炎天下ではなるべく外出を避けること。出かけるときは帽子をかぶり、長袖を着、日がさをさすようにします。加えて、おとなならファンデーションを塗れば十分です。

ただし、夏の海や山、オーストラリアのような紫外線が強い外国へ行くときだけは、使ったほうがよいと思います。そのときは、オキシベンゾンの代わりに、アレルギーが相対的に起きにくい紫外線散乱剤を使い、その他の有害成分も含まれていない商品を選んでください（32・33ページ参照）。

髪を染めると、髪が傷む

茶髪はすっかり一般的になりました。幼児の髪を染める親もいるぐらいです。はたして、髪を染めると髪が傷むということを、どの程度の人たちが知っているのでしょうか?

染毛剤は、大きく分けて2つ。①カラースプレーやカラーフォームなどシャンプーですぐに落ちるタイプと、②染料が主成分の第1剤と過酸化水素水が主成分の第2剤を混ぜて使う2剤式の酸化型です。②は永久染毛剤といって、染料が毛髪の内部にまで浸透し、色が落ちにくくなるので、1~2カ月は効果が持続します。

しかし、とくに酸化型染毛剤は、髪の毛をかなり傷めます。主成分のパラフェニレンジアミンはアレルギーを発生させやすく、ショックによる死者さえ出ているほどです。皮膚炎を悪化させる作用もあります。以前は、ホルモンの関係で女性はハゲや薄毛にならないといわれてきました。しかし、長く染め続けていて、髪の毛が薄くなったり、抜け毛が多くなる女性が、確実に増えているのではないでしょうか。

また、酸化型染毛剤には、発ガン性が疑われているレゾルシンや、発ガン性に加えて強い突然変異性や環境ホルモン作用が疑われているパラアミノフェノールやパラアミノクレゾールなども配合されており、危険です。市販の染毛剤には乳ガンを増殖させる作用があることも、わかってきました(北里研究所病院(東京都港区)の坂部貢博士による乳ガン細胞を使った実験)。

さらに、染毛剤の常用者に再生不良性貧血や血小板減少症などの症状が起きています。発症まで最短で2カ月、最長で21年。2カ月に1回以上使用した人に発症が多かったと報告されています。*

美容師さんの手荒れやアレルギーなどの職業病の多さからみても、危険な薬剤が惜しげもなく使われているのが、染毛剤なのです。とくに、妊娠中の女性は、生まれてくる子どもへの影響があるので、染めるべきではありません。実際、どの商品にも取扱い説明書が入っていて、次のように書かれています。

「妊娠・生理中には使用しない……腎臓病、血液疾患の既往症のある人は使用禁止……特異体質の方は使用禁止」

しかも、毎回のパッチテストが指導されています。みなさん、ちゃんと守っていますか。

なお、茶色に染めるのも、金髪やオレンジ色に染めるのも、白髪を黒く染めるのも、色による危険性はほぼ同じです。

加えて、刺激作用の強い成分(チオグリコール酸アンモニウム)のパーマネント剤や、合成洗剤に使われているのと同じラウリル硫酸塩などの合成界面活性剤を含んだシャンプーが、その危険性に拍車をかけています。強い脱脂力をもつシャンプーで皮脂をはぎ取り、皮膚のバリア機能が低下したところへ、刺激の強いパーマ剤や染毛剤を使うのですから、たまったものではありません。せめて、「染めたらかけない、かけたら染めない」という自衛策をとりましょう。

＊高橋隆一ほか「染毛剤使用中に発症した再生不良性貧血の2例」『ＩＲＹＯ』40巻12号、86年。

保存にも注意しよう

ほとんどの化粧品には、製造年月日が入っていません。食品では当たり前の日付表示が、なぜ化

粧品にはないのでしょうか？　それは、化粧品について取り決めている薬事法では、適切な保管方法で3年以内に変質するものしか期限表示が義務づけられていないからです。

では、化粧品はどのくらいもつのでしょうか。ある化粧品メーカーは「未開封なら3〜4年、開けたものでも2年」と言います。しかし、東京都衛生研究所の調査では、肌荒れを防ぐなどの目的で化粧品に配合されているアラントインが、60日目に約72％になり、4カ月後には半分に減りました。その他の調査でも、実際に表示されている成分がなくなったり、減っています。

各メーカーではサンプルを保存して管理していますが、行政機関による検査や取締りがあるわけではないので、実態は明らかにされません。一方ＥＵでは、「すべての化粧品の最短保証期間（日付）の表示」について法律で規制しようと審議が始まっています。

日本の数多いメーカーのなかで、製造年月日を表示し、公表しているのは、わたしの知るかぎりでは、ちふれ化粧品、ハイム化粧品、ファンケルです。こうした良心的なメーカーが増えるためにも、わたしたちはもっと厳しい目を化粧品に向けていかなければなりません。そして、化粧品の製造年月日表示が1日も早く行われるように願っています。

当面は自衛策が必要。まず、古い化粧品を買わないためには、よく売れているお店を利用するのが一番です。家では、直射日光と高温を避け、引出しや戸棚に入れましょう。開封後の保存は、クリーム・乳液は半年、化粧水は1年、口紅・ファンデーション・アイカラーなどは2年が目安です。ただし、保存料が入っていない化粧品は保存期限が2〜3カ月の場合もありますから、メーカーの指示にしたがってください。

日本人とヨーロッパ人の肌は違う

ある日の講演で、聞いてみました。

「海外の有名ブランドの化粧品を使ったことがある人はいますか?」

すると、会場のほとんどの人が手をあげました。これは、東京でも、わたしが暮らす福島のような地方都市でも、変わりません。世界はひとつといいますが、化粧品の分野のグローバル化は、なによりも急速に進んでいるように思えます。欧米ファッションへの憧れもさることながら、女性誌やテレビで刺激的な宣伝を日々目にしていれば、使ってみたいと思うのは自然でしょう。なかでも、ヨーロッパ製の化粧品の人気が高いようです。

わたしもその気持ちはわかるし、実際に使っていますが、慎重に選んでいます。それは、日本人とヨーロッパ人の肌の質が違うからです。たとえば、日本女性はフランス女性より、肌がキメ細かく、シワが出るのが遅い一方で、うるおいが各年代で少なく、シミが若いときから目立つといわれています。また、名古屋大学医学部の早川律子教授(環境皮膚科学講座)は、「日本人の肌のほうが弱く、かぶれやすい」と指摘しています。

敏感肌でアレルギーを起こしやすい人が、かぶれにくい人用の化粧品を使ったとしたら、あまりにも危険です。とくに、基礎化粧品は肌に塗っている時間が長いので、かぶれる危険性が高くなります。それで、わたしは外国製の基礎化粧品は買いません。口紅、ファンデーション、ほお紅などメイク化粧品を買うことにしています。

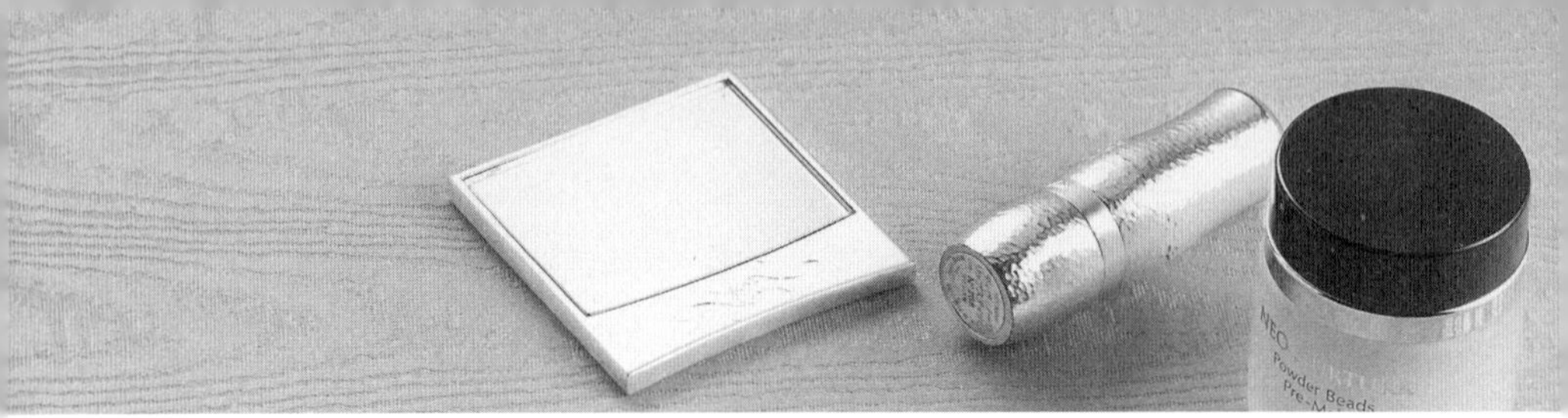

外国製化粧品を買うときの注意ポイント

そして、ヨーロッパの化粧品には大きな問題点が2つあるので、気をつけてください。

ひとつは、有害な成分が多く使われていることです。つぎの4つが含まれている場合は要注意。基本的に避けるべきです。

①ホルムアルデヒドを発生させる物質（たとえばイミダゾリジニルウレア＝Imidazolidinyl Urea）、②フタル酸エステル類＝PHTHALATES（ただし、香料の香りを保つために配合されることが多く、その場合は表示義務がない）、③ジブチルヒドロキシトルエン＝BHTまたはDIBUTYLHYDROXYTOLUENE、④ベンゾフェノン類＝BENZOPHENONE。

①と②については、84〜89ページに、くわしく説明しました。③は口紅やマスカラに、④は口紅やマニキュアに含まれています。また、口紅には発ガン性があるタール色素が必ず入っています。

フランス製やドイツ製の化粧品も、成分は英語でも表示されていますから、右の表記を参考にして、よくチェックしてください。

もうひとつは、口紅にしてもファンデーションにしても、強力な香りを放つものがけっこうあります。香りは、匂いをかげば、すぐにわかるので、英語表記の成分表示を読むより簡単です。なお、香りが強い成分は、PARFUMまたはFRAGRANCEと表記されています。

わたし自身は、メイク化粧品はたまにしか使わないので、タール色素が入っている口紅も買っています。

2 成分表示は、こう読もう

最初と最後の成分に気をつける

日本では長年、化粧品に使われている原料成分は一部しか公開されてきませんでした。「指定成分」と呼ばれる102品目にしか表示義務がなかったからです。これに対して欧米では、以前から全成分が表示されていました。日本は情報公開という面で大きく遅れていたのです。

しかし、日本でも薬事法が改正されて、やっと01年4月から、原料成分はすべて表示されることになりました。そして、1年半の猶予期間を経て02年10月からは、店頭で売られている化粧品は、医薬部外品を除いてすべての使用成分の表示が義務づけられています。一歩前進です。これで、単に指定成分を使っていないだけの「無添加化粧品」は存在できなくなりました。

といっても、通信販売のチラシやインターネット販売では、全成分を明記していないメーカーが多くあります。これは不誠実というしかありません。

また、あまりにたくさんの成分があって、何が危険なのかよくわからないという人が多いようです。その気持ちは、わたしにもよく理解できます。おまけに、小さな文字で書いてあるのですから、見るのだって面倒です。そこで、上手な見方をお教えしましょう。

ポイントは表示の順番です。成分は、配合量の多い順に並んでいます。だから、最初の一つや二つを専門書で調べるか、化学物質にくわしい人に聞けば、以下のようにどんな商品かだいたいはわ

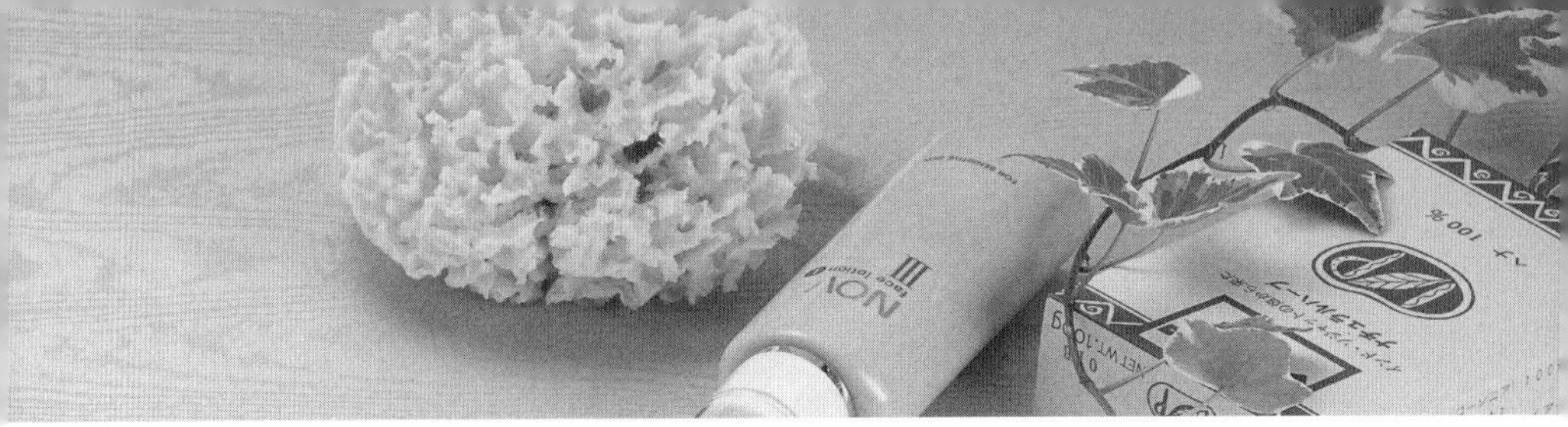

（リキッド）nオークル20の表示例

成分：水、シクロメチコン、ポリメチルシルセスキオキサン、グリセリン、BG、ジメチコンコポリオール、キシリトール、ジメチコン、タルク、グルタミン酸ナトリウム、エリスリトール、スクワラン、ジステアリン酸アルミニウム、イソステアリン酸、クオタニウム―18ヘクトライト、水酸化アルミニウム、パルミチン酸デキストリン、フェノキシエタノール、酸化チタン、酸化鉄

（パウダリー）nオークル20の表示例

成分：タルク、セリサイト、ポリメタクル酸メチル、ジメチコン、ジフェニルジメチコン、シリカ、オレフィンオリゴマー、トリイソステアリン、メチコン、セスキイソステアリン酸ソルビタン、炭酸ナトリウム、ビタミンE、合成金雲母、酸化チタン、マイカ、酸化鉄、酸化亜鉛

メディア ネイルカラーSの表示例

配合成分：酢酸ブチル、酢酸エチル、ニトロセルロース、クエン酸アセチルトリブチル、（トシルアミド/ホルムアルデヒド）樹脂、イソプロパノール、ヘプタン、ステアラルコニウムヘクトライト、アクリル酸アルキルコポリマー、カンフル、パーフルオロアルキルリン酸DEA、レシチン、オキシベンゾン、[＋/―] オキシ塩化ビスマス、銀、グンジョウ、合成金雲母、コンジョウ、酸化チタン、酸化鉄、シリカ、（PET/Al/エポキシ樹脂）、ラミネート、ホウケイ酸（Ca/Al）、マイカ、硫酸バリウム、赤色202号、赤色220号

かると思います。

資生堂のdプログラム デーケア ファンデーション（リキッド）nのオークル20のように、水とシクロメチコン（シリコン油）、あるいはジメチコンだったら、クリーム状で、耐水性があるので、比較的に落としにくい。

同じ資生堂のファンデーションでも（パウダリー）nのオークル20はタルクとマイカだから、粉状で耐水性がなく、やや落としやすい。

同時に、下（うしろ）から読むことも大切になります。なぜなら、オキシベンゾン（ベンゾフェノン類）、ジブチルヒドロキシトルエン（BHT）、タール色素、パラベンのような発ガン性や環境ホルモン作用がある物質は、配合量は少ないので、下（うしろ）に書いてある場合が多いからです。たとえば、カネボウのメディア ネイルカラーSは、タール色素の赤色202号と220号が最後に書いてあります。

なお、口紅などの着色剤については92ページに書いてあるように、表示されているすべてが使われているわけではありません。

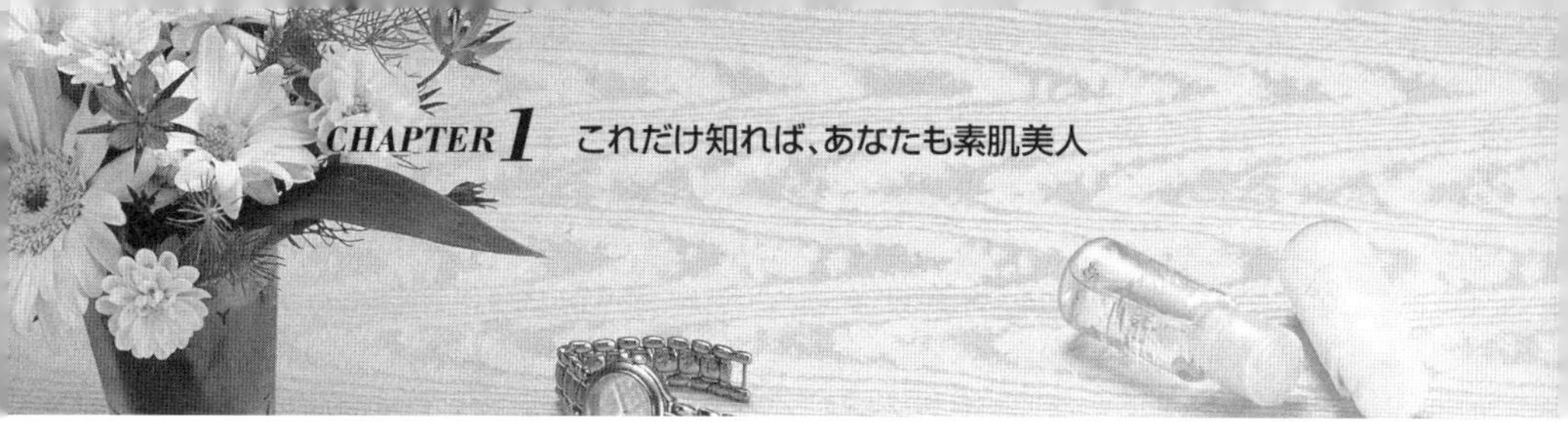

表示成分が少ないほど肌への負担も少ない

化粧水や美容液の成分表示を読むと、こんなにたくさんの化学物質を使わなければなぜつくれないのだろうかと、がっかりしてしまいます。メーカーは、新しい原料を加えた商品を開発したり、肌により吸収しやすい商品を開発して効果を強調したりして、他社との差別化をはかろうとしているのでしょう。

でも、それは敏感肌の女性にとっては、決して望ましいことではありません。だから、化粧品を使えば使うほど、乾燥肌になったり、肌のキメが粗くなったり、荒れたり……という悪い影響が起きるのではないでしょうか。化粧品による被害が化粧品をよく買う20代にもっとも多いという事実が、これを裏付けています。20代といえば、肌はもっとも健康的で、ピチピチ、しっとりしているのが、当然なのですから。

皮膚の免疫力をできるだけ生かすための化粧品の選び方・使い方を考えると、使用されている成分すなわち化学物質が少なければ少ないほど肌への負担は少ない、と結論づけられます。使用頻度が多い化粧水などは、とくにこの点に注意してください。

発ガン性と環境ホルモン作用がある成分をチェックする

そして、発ガン性と環境ホルモン作用が指摘されている化学物質が使われている製品をチェックすることです。アレルギーやかぶれなどの急激な皮膚障害はすぐにわかりますが、発ガン性や環境ホルモン作用は、すぐに症状が出るわけではありません。だからこそ、ふだんから注意する必要が

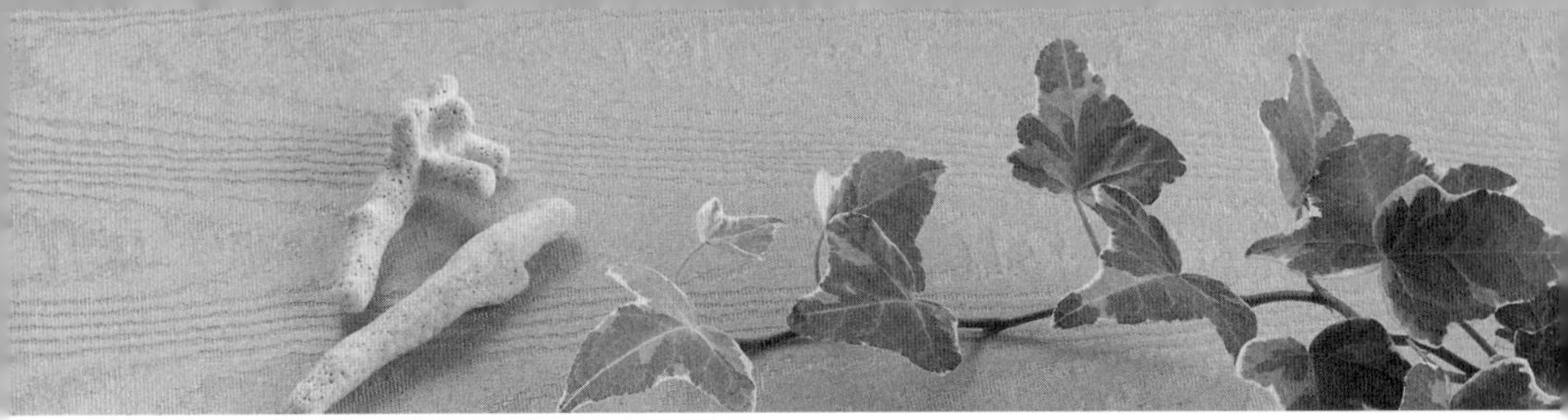

あるのです。つぎの物質が含まれている化粧品は、できるだけ避けるほうがよいと思います。少なくとも、日常的には使わないほうがよいでしょう。

(1)発ガン性

①ジブチルヒドロキシトルエン(ＢＨＴ)・ブチルヒドロキシアニソール(ＢＨＡ)
酸化防止剤。口紅、ファンデーション、乳液、クリーム、サンスクリーン剤など。

②タール色素(赤色２３０号・赤色２１３号など)
ほとんどの口紅。

③フェノール類(イソプロピルメチルフェノール、オルトアミノフェノール、メタアミノフェノール)
殺菌防腐剤。ニキビ用化粧品や染毛剤など。

④トリエタノールアミン・ジエタノールアミン
乳化剤、保湿剤、柔軟剤。クリームやファンデーションなど。

⑤ポリエチレングリコール(ＰＥＧ)
保湿剤。クリームやファンデーションなど。

⑥フタル酸エステル類
溶剤、可塑剤。フタル酸ジブチル(ＤＢＰ)、フタル酸ジエチル(ＤＥＰ)などが、おもに香水やマニキュアに使われている。

⑦ホルムアルデヒド
殺菌防腐剤。外国製化粧品の化粧水、マスカラ、クリームなど。

（2）環境ホルモン作用

①オキシベンゾン

紫外線吸収剤（変質防止剤）。ほとんどのサンスクリーン剤（日焼け止め化粧品）に加えて、マニキュア、ファンデーション、美容液、整髪料など。

②ブチルヒドロキシアニソール（ＢＨＡ）

酸化防止剤。ファンデーション、乳液、口紅、香水など。

③フタル酸エステル類

溶剤、可塑剤。フタル酸ジブチル（ＤＢＰ）、フタル酸ジエチル（ＤＥＰ）などが、おもに香水やマニキュアに使われている。

④イソプロピルメチルフェノール

殺菌防腐剤。ニキビ用化粧品など。

⑤パラフェニレンジアミン

染毛剤。

毎日のように使うものに、安全性に大きな問題がある化学物質が配合されている不愉快さは、たとえようもありません。わたしは、食べ物や飲み水に気をつけているので、いっそう不愉快です。なぜ、発ガン性や環境ホルモン作用が指摘されている物質を平気で使うのか、本当に理解に苦しみます。きっと、化粧品メーカーが保存性や製品の安定性ばかりを追い求めているからにちがいありません。

食品であれば、食品メーカーがこうした化学物質を使わない商品を開発していますから、消費者は選択できます。「化粧品にも、せめて食品並みの安全性を」というのが、わたしのささやかな願いです。化粧品メーカーにそうした化粧品をつくってもらうためには、わたしたち買う側が危険な物質に注意して、含まれている化粧品を買わないようにするしかありません。

なお、環境ホルモン作用が指摘されているパラベンについては、これに代わる安全な保存料がないので、どう考えたらよいか悩むところです。110〜111ページを参考にされて、読者のみなさんの判断にゆだねたいと思います。

化粧品にはアレルギー表示がない

食品については、深刻なアレルギー症状を引き起こす原料の場合は混入している微量成分にまで表示が義務づけられています。しかし、化粧品には皆無です。一般にはあまり知られていないかもしれませんが、卵、牛乳、大豆などアレルギーを起こしやすいものは化粧品にも使われているので、アレルギーやアトピーの症状をもつ方は、くれぐれも注意してください。

たとえば、オージオの美溶液エンリッチ リポセラムに使われている保湿剤のレシチンは卵や大豆が原料、明治乳業のすべすべみるるに使われている保湿剤のホエイは乳を発酵させて固形分を除いた液です。

アレルギーやアトピーの症状をもつ人は増え続けているのですから、食品を見習って、アトピーやアレルギーがあっても安心して使える表示に1日も早くしてもらいたいと思います。

CHAPTER 2

この化粧品・メーカーなら使えます

肌の弱い人でも使える日焼け止めクリーム

和光堂のサンカット ベビー＆ファミリーＡ

紫外線有害キャンペーンは、すさまじい勢いです。減り続ける化粧品の消費を挽回する起死回生の策は、ＵＶカット化粧品と言わんばかり。化粧水、乳液、クリームなどのＳＰＦ値が表示され、「ＵＶカット機能を高めた」ことが売り物の商品がつぎつぎに発売されています。そのなかで、どれが使えるかを考えてみましょう。ポイントは2つです。

●まず、紫外線吸収剤を避ける

第一に、原料成分として、紫外線吸収剤ではなく、紫外線散乱剤を選ぶこと。紫外線吸収剤は肌への負担が大きく、アレルギーなどの皮膚障害を起こしやすいことがわかっているからです。初めは異常がなくても、何回か使っていると、肌が真っ赤になってはれあがるなどの症状が出る場合があります。また、発ガン性や環境ホルモン作用が疑われています。「子ども用」「敏感肌用」「紫外線吸収剤無添加」「ＵＶ吸収剤カット」とはっきり書いてある、紫外線散乱剤を用いた商品にしましょう。

なお、紫外線吸収剤は製品の安定のためにも使われています。ＳＰＦ表示がなくても、ファンデーション、マニキュア、クリームなどにはよく配合されているので、注意してください。

●つぎに、ＢＨＴやトリエタノールアミンなどをチェック

第二に、発ガン性が指摘されている酸化防止剤のジブチルヒドロキシトルエン（ＢＨＴ）や、発ガン性がある化合物を生成する柔軟剤・保湿剤のトリエタノールアミン（ＴＥＡ）が配合されていないものを選

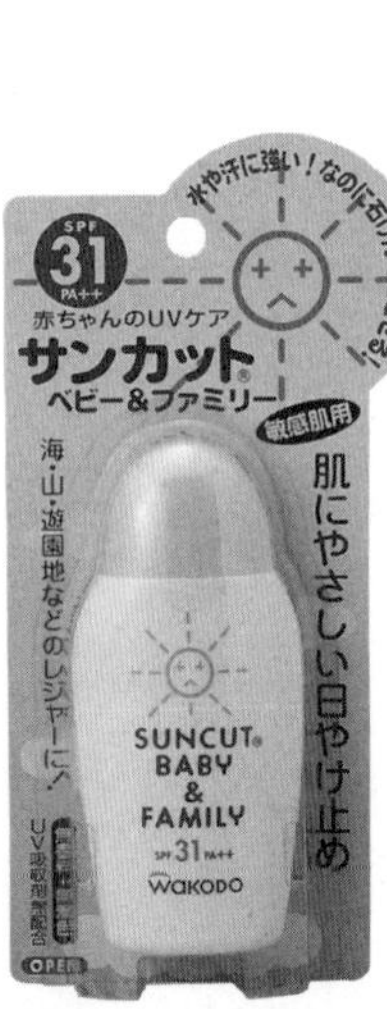

写真提供：和光堂

びましょう。

また、水生生物への毒性が強いクロム化合物や亜鉛化合物、変色防止剤のエデト酸塩、界面活性剤のセテス・ステアレス・クオタニウムが配合されていないかも、なるべくチェックします。これらは、特定化学物質の環境への排出量の把握・管理の改善の促進に関する法律（通称ＰＲＴＲ法）で有害と指定された化学物質だからです。

たとえばクロム化合物は、クロム酸塩の製造工場で働く人たちの鼻の粘膜に穴が開いたり、皮膚に潰瘍ができたり、肺ガンにかかったりなどの毒性がよく知られています。国際ガン研究機関は、発ガン物質に指定しています。

以上３つの条件をすべて満たしたものは、日焼け止めクリームの場合、和光堂のサンカット ベビー＆ファミリーＡ（40㎖、880円）のみでした。おとなには、おすすめできます。なお、正面の表示には「Ａ」がなく、英語の「SUNCUT BABY&FAMILY」だけです。

また、よく似た名前でサンカット ベビーがあり、こちらはトリエタノールアミンが含まれています。

配合成分
ジメチコン、シクロメチコン、酸化チタン、セチルジメチコン、イソノナン酸イソトリデシル、パルミチン酸オクチル、水、（スチレン／DVB）コポリマー、BG、セスキイソステアリン酸ソルビタン、アルミナ、グリチルリチン酸２K、トコフェロール、モモ葉エキス、ジメチコンコポリオール、スクワラン、ステアリン酸、酸化ジルコニウム

問合せ先：☎0120-88-9283

とくに危ない成分は使われていない

アクセーヌのパウダリーファンデーション PV〈N20〉

このファンデーション(3200円)は、アレルギーがない人にとっては、まず合格です。ここでは、含まれている成分を一つずつ点検してみましょう。表示されていた成分は左下の17です。

まず、発ガン性と環境ホルモン作用が報告されている成分は、使われていません。着色剤には皮膚から吸収されにくい固体(粉体)を用いており、発ガン性があるタール色素は使われていません。

そして、分子量が大きいポリマー(15ページ参照、*をつけたもの)が4種類使われています。これらは皮膚から吸収されにくいので、アレルギーを起こしやすい人や敏感肌用につくられたファンデーションといえるでしょう。

ただし、こうしたポリマーで長時間にわたって皮膚をおおうと、皮膚が十分に呼吸できなくなるという問題点をあげる専門家もいます。したがって、とりわけ肌の弱い人は、塗る時間をなるべく短くしてください。

また、(ジメチコン/ビニルジメチコン/メチコン)クロスポリマーはシリコン樹脂の粉末で、水をはじき、汗や皮脂でも溶けません。そのため、化粧くずれがしにくいのですが、落としにくいことも指摘されています。だからといって、強力な洗浄剤を使うのは考えものです。肌の皮脂を取りすぎ、免疫力を落とし、肌荒れやアレルギーのもとになりかねません。わたしの経験では、石けんで落ちます。ていねいに2~3回石けんで洗い落とし、7~8回すすいでください。

そのほかの成分と役割も説明しておきます。ややこしいかもしれませんが、自分が使う化粧品なので、

なるべくなら、どんなものが使われているのか知っていたほうがよいと思いませんか。

パーフルオロアルキルリン酸ＤＥＡ＝合成界面活性剤。ステアリン酸Ca＝金属石けん。

粘度をつける、顔料を分散させる、皮膚への滑らかさ・のびやすさ・耐水性を与える。ゲル化・乳化を助け、安定させる。

トリイソステアリン酸トリメチロールプロパン＝顔料分散剤。

顔料を分散させ、しっとり感をつける。

残念ながら、ＰＲＴＲ法で有害成分として規制の対象にあげられているマイカ（着色剤）、酸化亜鉛（着色剤）、窒化ホウ素（着色剤）も含まれています。これらは、肌に対してはいまのところ安全性が高い成分です。ただし、排出されると水生生物などに大きな影響を与えてしまいます。環境への影響を少なくするためには、政府による総量規制を求めていかなければなりません。

以上を総合的に判断すると、このファンデーションは、皮膚への刺激や使い心地などをよく試したうえで、使ってもよいでしょう。

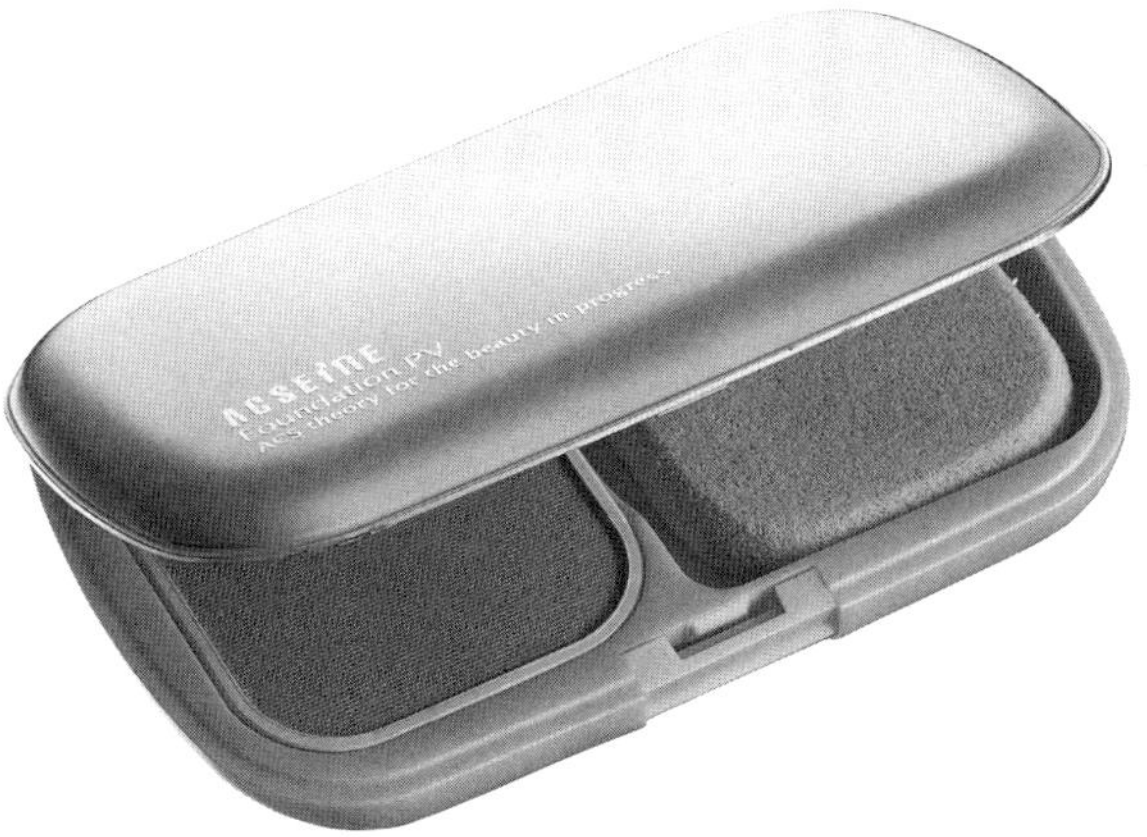

配合成分

タルク（着色剤）、酸化チタン（着色剤）、マイカ（着色剤）、ポリメタクリル酸メチル＊、シリカ（粉体）、ジメチコン＊、酸化亜鉛（着色剤）、トリオクタノン（油脂）、パーフルオロアルキルリン酸DEA、窒化ホウ素（着色剤）、スクワラン（油脂）、水酸化ＡＩ、（ジメチコン／ビニルジメチコン／メチコン）クロスポリマー＊、ステアリン酸Ca、トリイソステアリン酸トリメチロールプロパン、メチコン＊、酸化鉄（着色剤）

問合せ先：☎0120-120783／写真提供：アクセーヌ

敏感肌の人を対象にしたデータがある化粧品

ノブ、アクセーヌ、日本ジョセフィン

化粧品の化学物質が敏感肌の大きな原因

6ページで書いたように、敏感肌の女性が増えています。化粧品メーカーによれば、その原因は、肌の乾燥、紫外線が強くなっている、ストレス、疲労などです。しかし、実際には化粧品の使いすぎ、洗いすぎと、化粧品の成分として含まれている化学物質が大きな要因であると、わたしは考えています。それは、化粧品メーカーの敏感肌用化粧品の開発コンセプトを調べるとわかります。たとえば、コーセーのデリカーヌのケースをみてみましょう。

① 安全性（刺激性）に十分に配慮する意味で、タール色素、香料、防腐剤、紫外線吸収剤、エタノール、鉱物油、合成界面活性剤などをできるだけ使わない。

② 乾燥を防ぎ、皮膚のバリア機能を改善し、保湿機能を高めるために、セラミド（肌の表面の角質層に含まれる物質）をはじめ、さまざまな保湿剤を配合する。

③ 塗るときの粘り気やのびのよさ、塗ったあとのサラッとしたりしっとりした感じを向上させる。

ここで、とりわけ①に注目してください。なぜなら、これらを「できるだけ使わない」というのは、化粧品に含まれている化学物質に敏感肌の原因があるとメーカー自身が認めていることを意味するからです。

では、他のメーカーの敏感肌用化粧品のコンセプトはどうでしょうか（わかりやすくするために、以前の表示指定成分についても載せました）。

アクセーヌのADコントロール シリーズ／写真提供：アクセーヌ

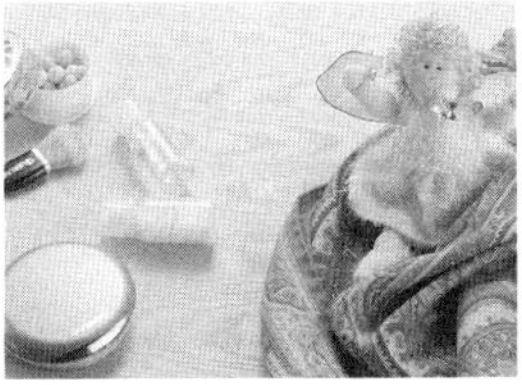

アクセーヌのＡＤコントロール シリーズ＝無香料、無着色、表示指定成分無添加、合成界面活性剤無添加。

花王のキュレル（Curél）シリーズ＝無香料、無着色、アルコール無添加。

セラコスメティックスのダーマメディコ＝無香料、無着色、ノンアルコール、表示指定成分無添加。

全薬工業のアルージェ＝無香料、無着色、表示指定成分無添加、界面活性剤無添加、ノンアルコール。

日本ジョセフィンのアトレージュ＝無香料、無着色、表示指定成分無添加、合成界面活性剤無添加。

ノブのスキンケア シリーズ＝無香料、無着色、アルコールフリー、表示指定成分無添加。

持田製薬のコラージュ＝刺激の少ない無香料、無色素。

リンサクライ＝表示指定成分無添加、ノンアルコール、無香料、無鉱物油、無着色。

いずれも、化学物質への配慮が重要な柱になっています。無香料、無着色は各メーカー共通。また、キュレル シリーズとコラージュを除いて、表示指定成分無添加です。さらに、デリカーヌ、ＡＤコントロールシリーズ、アルージェ、アトレージュは、合成界面活性剤を使用していません。

全体的にみると、多少のばらつきはありますが、タール色素、香料、防腐剤、紫外線吸収剤、エタノール、鉱物油、合成界面活性剤は「刺激があり、安全性に不安があるので、できるだけ使わないほうがよい」と考えているのです（これはニキビ用化粧品も同様でした）。肌の安全を考えれば、各メーカーとも、ここに落ち着くんですね。

そうであるならば、すべての化粧品についてこうあってほしいと、心から思います。敏感肌用でなくても、こうした化学物質をできるだけ使わないように配慮してつくっている、ハイム化粧品やプリベイルのようなメーカーもあるのですから。

● 抗炎症剤が入っていることには注意

敏感肌用化粧品に共通している傾向が、もうひとつあります。それは、どの商品にも抗炎症剤のグリチルリチン酸やグリチルレチン酸が配合されていることです。これらはアレルギー用の注射や軟膏に使われてきたポピュラーな薬剤で、たくさんの診察や治療の経験（臨床例）からアレルギーを抑える作用があることがわかっています。

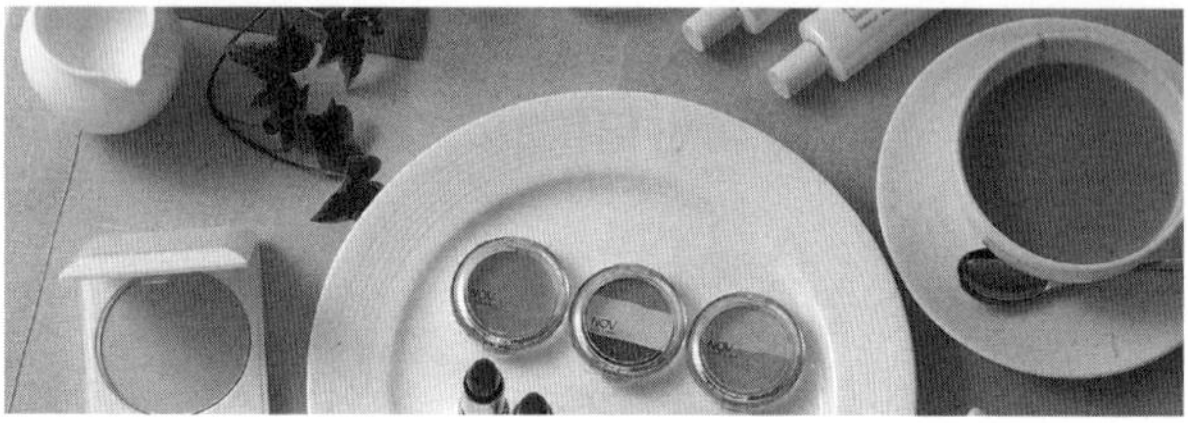

写真提供：ノブ

たとえば、軟膏には1～2％濃度のグリチルレチン酸が配合され、湿疹やかゆみなどの症状に用いられてきました。副腎皮質ホルモンに比べて、効き目はゆっくりしていますが、連続して使っても副作用が少ないため、化粧品に利用されているようです。

ただし、体質によってはアレルギーやかゆみを抑える薬でアレルギーを起こす場合があります。アレルギーやかゆみを抑える薬でアレルギーやかゆみが起きるなんて、笑い話のようですが、現実です。抗炎症剤が配合されているから安心とは、かならずしもいえません。自分に合うか、合わないか、判断するのは自分です。読者のみなさんがどんな物質にアレルギー反応を起こすかは、ひとりひとり違います。

「有名メーカーだから安心」「刺激が少ないから安心」なのではありません。大切な自分の肌としっかり向き合い、心地よいかどうかを使って試したうえで、使い続けるかどうかの判断基準にしてください。

わたしも敏感肌です。わたしは、毎日使う化粧品は、抗炎症剤が入っていないものを選んでいます。そのほか、わたしが選ぶ際に基準にしているのは2つです。

医薬部外品も全成分表示をしているメーカーを選ぶ

まず、薬用化粧品(医薬部外品)であっても全成分表示をしている化粧品メーカーを選んでいます。自分がどんな成分でアレルギーが起きるのかを知るためにも、成分表示をよくチェックすることが必要です。「肌荒れさせない」とか「肌荒れを防ぐ」などと医薬品並みの効果をうたいながら、効果のある成分やその配合量も明らかにしないようなメーカーの姿勢には、がっかりします。

たとえば花王のキュレル シリーズは、全成分が表示されています(抗炎症剤は、グリチルリチン酸ではなくアラントイン)。他のメーカーも、ぜひ花王に見習ってほしいものです。全成分を表示したくない、消費者に「効きそう」な印象を与えるなどの理由で化粧品を医薬部外品としているのは、本当に残念です。医薬部外品であっても全成分表示を義務づけるように働きかけていく必要があります。

ただし、洗剤メーカーのためか、化粧水に合成界面活性剤のＰＥＧ-60水添ヒマシ油が使われているのは、感心できません。

敏感肌の人を対象にしたデータがある化粧品を選ぶ

つぎに、医療機関で敏感肌の人が実際に使ってみて安全だったかどうかを客観的に確認できるデータがある化粧品を選んでいます。とくに、花粉症やアトピーなど皮膚の状態が正常でない方は、この基準を重視してください。

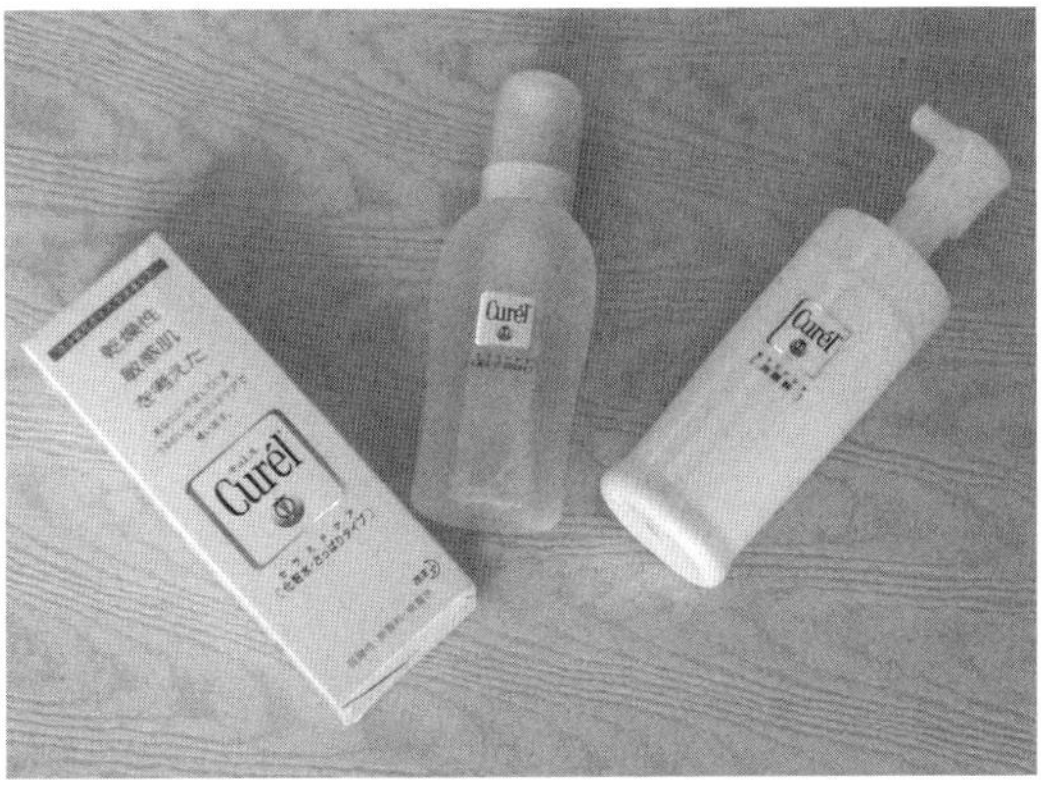

Curél 薬用化粧水 B（写真中央）の配合成分
アラントイン（有効成分）、水、グリセリン、BG、ベタイン、メチルグルセス-20、PEG-32、コハク酸、アルギニン、ユーカリエキス、PEG-60水添ヒマシ油、パラベン
問合せ先：☎03-5630-5090

そのとき注意しなければならない点があります。それは、「アレルギーテスト済み」と表示されているからといって安心できないことです。ここでいう「アレルギーテスト」は通常、健康な肌の人を対象にしたパッチテストです。肌が強ければ大半の化粧品を塗ってもかぶれませんが、弱ければ多くの化粧品にかぶれる傾向があります。肌が強い人を対象にテストして、「刺激作用がなかったから敏感肌用」とされたのでは、たまりません。

敏感肌用化粧品のテストは、アトピー性皮膚炎や接触皮膚炎（刺激やアレルギーを起こす物質によって限られた部分に生じる皮膚炎）など肌のトラブルをかかえる人に対してどんな結果が出たかが明らかになっていなければ、参考になりません。そうした人に対して安全が確認されたもののなかから選ぶ必要があります。いろいろ調べたところ、ノブ、ADコントロール シリーズ、アトレージュの3つのパッチテストが見つかりました。

比較的安全なノブ、ADコントロール シリーズ、アトレージュ

①ノブのスキンケア シリーズ

写真提供：日本ジョセフィン

アトピー性皮膚炎や接触皮膚炎などの患者64人(うち女性56人、17～57歳、平均年齢38歳)を対象に、東北大学医学部皮膚科学教室で行った。腕の2カ所に48時間貼りつけたあと、30分後と24時間後に観察。その結果、刺激が比較的強かったのは、化粧水のフェイスローションⅢ(R)と洗顔料のウォッシングクリームⅢ。しかし、「これでも湿疹性の患者に対しても高いものではなく、むしろ低値」とされ、「これらのスキンケア製品は低刺激」と結論されている。

＊田畑伸子ほか「いわゆる敏感肌に対する『ノブスキンケア製品』のパッチテスト成績」『皮膚』40巻4号、98年。

②アクセーヌのADコントロール シリーズ

化粧水、クリーム、エッセンス、洗顔剤、入浴剤について、軽度から中度のアトピー性皮膚炎患者54人(うち女性38人、10～59歳、平均年齢26歳)を対象に、東京医科歯科大学皮膚科、順天堂大学浦安病院皮膚科など6つの皮膚科で行った。背中に48時間貼りつけたあと、24時間後に観察。通常の化粧品と同様の使用方法で、4週間使う使用テストも実施した。その結果、刺激を受けたと思われる反応はなく、48人(89%)は「ほぼ安全」以上の安全性が確認された。

ノブⅢ スキンケア シリーズ。右からフェイスローション(R)、フェイスローション(L)、ミルキィーローション、クレンジングクリーム、モイスチュアクリーム、ウォッシングクリーム／写真提供：ノブ

表1　いろいろなノブ スキンケア シリーズ

種　類	商品名	分量・価格
化粧水	フェイスローションⅢ(L：さっぱり)	120mℓ　4000円
	フェイスローションⅢ(R：しっとり)	120mℓ　4000円
乳液	ミルキィーローションⅢ	80mℓ　4000円
保湿クリーム	モイスチュアクリームⅢ	45g　4500円
保湿ジェル	アイジェル	10g　2000円
メイク落とし	クレンジングクリームⅢ	110g　3500円
洗顔料	ウォッシングクリームⅢ	110g　3500円
お試し用	トライアルセットⅢ	6品　1200円

ただし、6人に「やや問題」「副作用による使用中止」があった。また、使用前と比較して、かゆみ、はれ、赤くなるなどの症状がよくなり、「非常に有用」「有用」「やや有用」と評価された割合は、エッセンス80%、クリーム66%、化粧水65%だった。

＊谷口裕子ほか「成人型アトピー性皮膚炎に対するアクセーヌADシリーズの安全性・有用性の検討」『皮膚科紀要』93巻1号、98年。

③日本ジョセフィンのアトレージュ

スキンケア製品、洗顔料、化粧水、乳液、油性保護クリーム、清涼ローション、シャンプー、リンスについて、アトピー性皮膚炎や接触皮膚炎などの患者55人(すべて女性、10～60代、平均年齢36歳)を対象に、大阪市立大学医学部皮膚科学教室で行った。背中に48時間貼りつけたあと、30分後と24間後に観察。その結果、油性保護クリーム、シャンプー、リンスが比較的刺激が強かったが、全製品について許容範囲内とされた。

＊山本敦子ほか「低刺激化粧品、アトレージュスキンケア製品のパッチテスト成績とその有用性」『皮膚』41巻3号、99年。

もちろん、これらはあくまで48時間のパッチテストの結果です。化粧品は毎日使うものですから、お試しサンプルで試すなりして、自分に合うかどうかを確認することは、いうまでもありません。

また、問合せにきちんと答え、参考になる結果が載っている論文を教えてくれるようなメーカーの商品を選びましょう。ノブは、インターネットでも論文を公開しています。

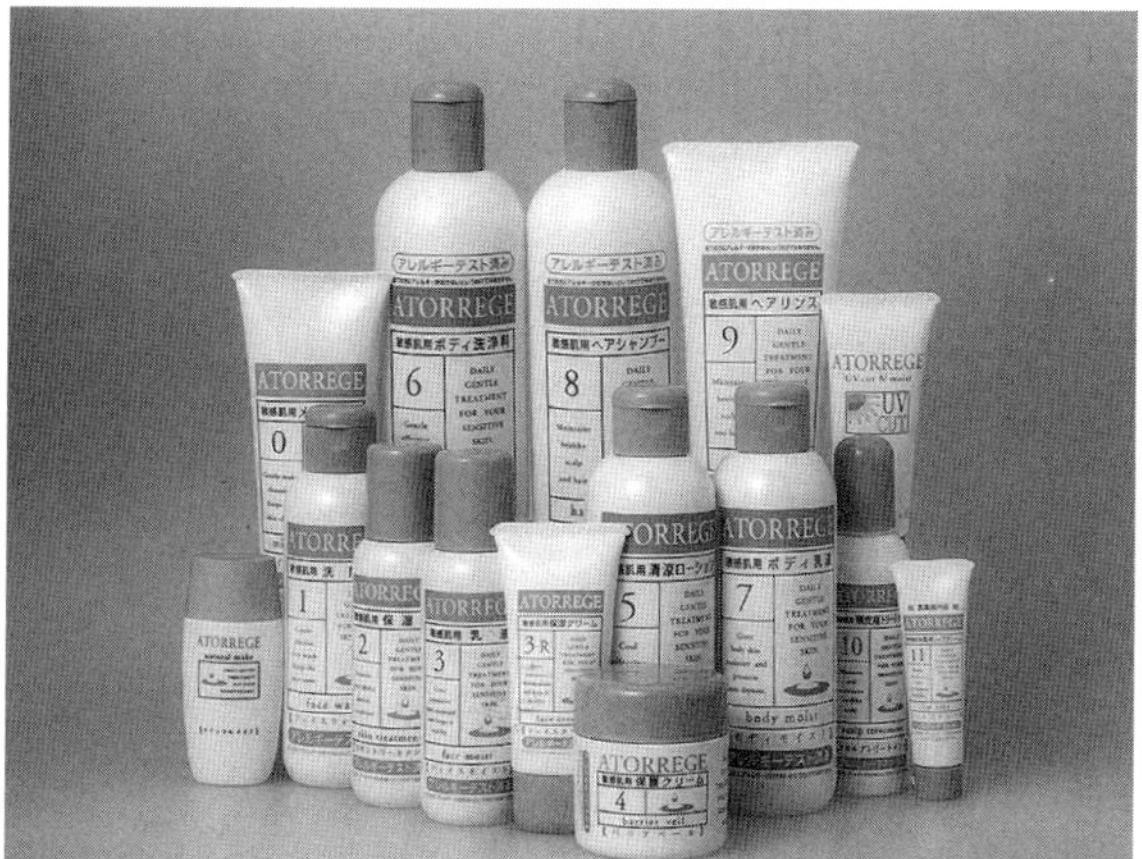

日本ジョセフィンのアトレージュ／写真提供：日本ジョセフィン

問合せ先●ノブ：℡0120-351134
●アクセーヌ：35ページ参照
●日本ジョセフィン：☎06-6766-2880

タール色素を含まない口紅

ハーバー研究所など

●安全性がとても不安なタール色素

唇に濃い黒褐色の輪ができている女性を見た化粧品メーカーの知人が、「口紅の使いすぎよ」と指摘。日常的に使う口紅で唇にシミができてしまうことを教えられました。あなたは大丈夫ですか？

わたしは、以前は淡いピンクが好きでしたが、歳とともにきれいな赤が好きになりました。くすんだ肌にくすんだ唇では、気持ちが晴れません。

でも、タール色素が入った口紅を日常的に使う気には、どうしてもなりません。石油を原料とし、ベンゼンやトルエンなどを含んだタール色素は、動物実験で発ガン性が報告され、人に対して激しいアレルギーを起こすからです。ところが、化粧品には赤だけで39、そして黄15、だいだい10、青9、緑7など、合計84種類も許可されています（食品に対しては12種類に制限されている）。

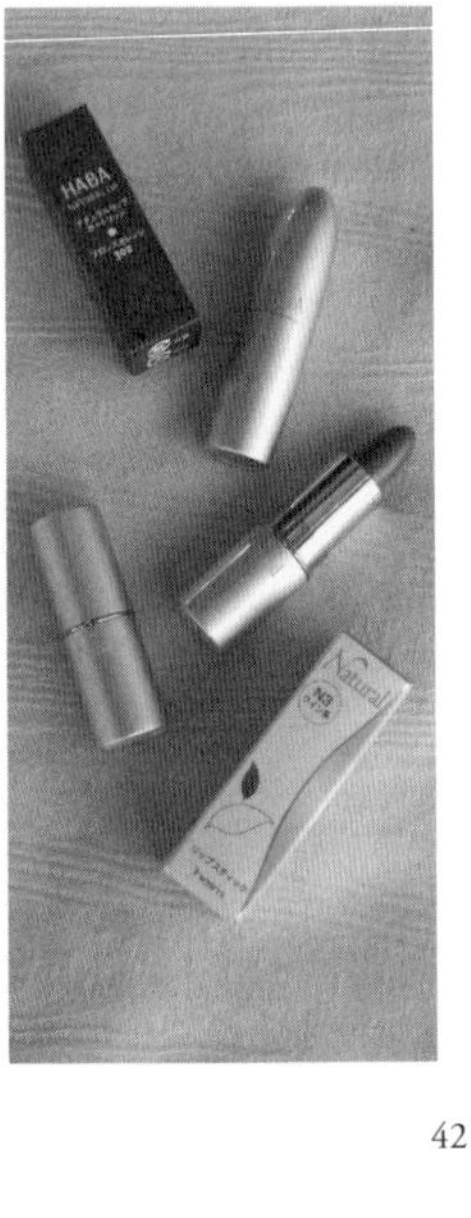

①赤色５０２号

動物実験で肝臓ガンを起こし、国際ガン研究機関が「人に対して発ガン性を示す可能性がかなり高い」としているのに、いまも化粧品に使われている。

②赤色2号

アメリカの食品医薬品局によると、０・００３～３％含むエサをラットに31週間与えたところ、高い濃度の群れでは44匹中14匹に肝臓ガンが発生。アメリカは使用を禁止したが、日本では食品にも化粧品にも使われている。妊娠率が低下し、死産率が高まったという報告もあり、アレルギーも起こす。

③緑色3号

メスのラットのエサに混ぜて与えたところ、乳腺

に腫瘍が多発し、ヨーロッパでは使用が禁止されたが、日本では食品にも化粧品にも認められている。

さらに、化粧品の皮膚障害で裁判にまでなった黒皮症の原因物質も、タール色素であったことがわかっています。添加物に詳しい西岡一氏（同志社大学教授）は、種類によっては「光の存在で皮膚への刺激、発赤などの強い毒性がある」と指摘しています（『添加物のQ&A』ミネルヴァ書房、97年）。

安心できる原料のハーバーやハイム化粧品

わたしのような「タール色素はイヤ」は、少数派です。でも、その期待にこたえてくれるメーカーがあるのは、とても心強く思います（表2）。

たとえば、ハーバー研究所は93年からつくり始め、99年には肌への刺激やアレルギーなどの問題があった紅花色素を抜いて4色を発売。現在では5色に増えました（ミスティレッド、ピーチピンクなど）。また、資生堂のナチュラルズには、界面活性剤や安全性に問題がある（突然変異性試験で陽性）天然添加物のカルミン（エンジ虫の乾燥体から抽出した色素）などが使われており、ハーバーのほうがおすすめできます。

しかも、ナチュラルズと比べると、ほぼ半額（本体価格1400円、ケース別売り）です。

ハイム化粧品も03年に、タール色素を使わない無機顔料配合の口紅を発売しました（58ページ参照）。

表2　タール系色素を含まない口紅

メーカー名	商品名	色数	問合せ先
伊勢半	小町紅 （水で溶いて筆で塗るタイプ）	1	☎03-3262-3121
コーセー	プレディア リップカラー シェリーニなど	4	☎03-3273-1514
東京美容科学研究所	ゼノア リップスティック	5	0120-164634
ハーバー研究所	ナチュラルリップ／カートリッジ	5	0120-128800
ハイム化粧品	ナチュラル リップスティック	4	☎047-363-4285
プリベイル	アリベオーネ リップカラー	7	0120-117610
ミス・アプリコット	ミス・エー リップスティック	3	☎03-3204-6707
リマナチュラルクリエイティブ	ピュアリップスティック ヌードカラー	9 4	☎03-3982-5622

日焼け止め化粧品の上手な使い方

塗る前に注意すること

散歩や買い物などで出かけるときは、帽子、長袖、日がさで紫外線は防げます。日焼け止め化粧品を塗る必要はありません。

ただし、紫外線が強い5月から8月にかけて海や山へ出かけるときや、日中にスポーツをするときは、日焼け止め化粧品を使ったほうがよいでしょう。

その場合、表示されているSPFの値を見ると思います。SPF値の目安は、屋外での軽いスポーツやレジャーには20前後、海などの紫外線が強いところで炎天下に過ごすときは30前後です。

もっとも、日本化粧品工業連合会によると、SPFの値は1㎠あたり2㎎ずつ皮膚に塗ったときのものです。それでいて、この量を肌に塗ると「白っぽくなってしまうので、実際に化粧品を使うときは、もっと薄く塗ってしまうのが普通です」（同会が協力しているホームページ「上手に選ぼう日焼け止め化粧品」）としているのですから、おかしな話ですね。

いずれにせよ、真っ白に塗らないと化粧品メーカーが宣伝するようには効かないことを、あらかじめ頭に入れておいてください。

また、紫外線散乱剤ならば安全とは、かならずしもいえません。太陽の光線に当たると、皮膚は炎症が起きやすくなります。アレルギーを起こしやすい人、起こした経験がある人は、使用前に必ずパッチテストをすること。少量を腕の内側に塗って、２日後に赤くなったり、かゆくなったりしないかを確かめてから、顔に塗りましょう。

効果的な塗り方と落とし方

汗や水分をしっかり拭き取ってから、肌にたっぷり塗ります。汗をかいたり、ハンカチで拭いたりしたときは、こまめに塗り直してください。おとなであれば、その上からファンデーションやパウダーを使えば、より効果的です。

使用後に落とす場合、専用のクレンジングフォームやオイルを使う必要はありません。石けんの２度

洗いで落ちます。もし落ちにくいようであれば、3度洗います。そして、大切なのは、よくすすぐことです。最低7回はすすぎましょう。

なお、SPF値が表示されているファンデーションとパウダーを両方使っても、SPF値を足した効果が得られるわけではありません。

子どもには不必要

最近は、幼稚園や保育園でも、子どもに日焼け止めクリームを塗るようにすすめたり、親が使用を求めたりするようです。しかし、汗をたくさんかく子どもに塗っても、効果はたいしてありません。帽子で十分。だいたい、石けんできちんと顔を洗えない幼児に塗るのは問題です。

小さな子どもや赤ちゃんを連れて海に行ったときは、炎天下は避け、外へ出るのは朝と夕方にして、そのときも紫外線を帽子と長袖で防ぎましょう。小・中学校の水泳の授業では、日焼け止めクリームを塗るよりも、UVカットの水着や帽子、日よけのパラソルやテントを用意するなどの配慮をするべきだと思います。

資生堂、ゼノア化粧料 ジュジュ化粧品、明色化粧品

●「人体実験済み」だから安心できる

あふれんばかりの数ある化粧品のなかから、自分に合ったものを探すのは、なかなか大変です。何から何までパッチテストで試すわけにはいかないという人も多いでしょう。

わたしが肌が荒れない有力な判断基準としていることがあります。それは、ある化粧品がどれくらいの期間にわたって販売されているかです。なぜなら、長く使われているロングセラー化粧品は、いわば「たくさんの人びとによる人体実験済み」だからです。それに比べて、化粧品の安全性試験の期間は、急性毒性試験と皮膚刺激が2カ月、突然変異試験はふつう3カ月で、もっとも長くて4カ月。したがって、あなたのお母さんの世代から長く使われ続けてきたものほど安心と考えられるのです。

そこで、わたしはおもな化粧品メーカー14社に対して、発売後10年以上たったロングセラー化粧品がどれだけあるかをアンケート調査してみました(01年12月)。そのうち、回答拒否されたのはメナードとマックス ファクター。カネボウ、ちふれ化粧品、ナリス化粧品は、回答が届きませんでした。

こうしたメーカーは非良心的で、誠実さに欠けています(ちふれは、価格が安く、製造年月日を公開し、安全性にも相対的に配慮しているのに、残念です)。

●本当のロングセラーは4社

各社のロングセラー化粧品を表3に示しました。参考にしてください。なお、アンケート後に知ったジュジュ化粧品と明色化粧品も加えてあります。

ゼノア化粧料のKBローション α/写真提供：ゼノア化粧料

CHAPTER 2　この化粧品・メーカーなら使えます

表3　各社のロングセラー化粧品

メーカー名	商　品　名	種　　類	価　格	発売年
花王	ソフィーナ メーククリアジェル	メイク落とし	2700円	85年
	ソフィーナ UVケアミルク	乳液	3200円	88年
カバーマーク	ジャスミーカラーエッセンス ファンデーション	ファンデーション	3800円	93年
キスミーコスメチックス	スーパーシャイン リップ	口紅	500円	70年
	薬用ハンドクリーム	クリーム	600円	74年
コーセー	モイスチュアエッセンス	美容液	4000円	79年
資生堂	ドルックス オーデュベールN	化粧水	800円	51～52年
	ドルックス オードカルマンN	化粧水	600円	51～52年
	ドルックス オードルックスN	化粧水	600円	51～52年
	ドルックス フレッシュボーテN	乳液	800円	51～52年
	ドルックス ナイトクリーム(さっぱりタイプ、しっとりタイプ)	クリーム	800円	51～52年
	ドルックス マッサージクリームN	クリーム	800円	51～52年
	ドルックス クレンジングフォーム	洗顔料	600円	51～52年
	ドルックス クレンジングクリームN	メイク落とし	800円	51～52年
	ドルックス ヘアクリーム	ヘアクリーム	700円	51～52年
	ドルックス ヘアオイルN	ヘアオイル	700円	51～52年
	ドルックス オーダレスオードルックス	化粧水	700円	58年
	ドルックス オーダレスレーデボーテ	乳液	700円	58年
	ドルックス オーダレスナイトクリーム	クリーム	800円	58年
	ドルックス オーダレスマッサージクリーム	クリーム	800円	58年
	ドルックス オーダレスクレンジングフォーム	洗顔料	600円	58年
	ドルックス オーダレスクレンジングローション	洗顔料	700円	58年
	スペシャル カーマインローションN	化粧水	1200円	63年
	スペシャル スキントニックN	化粧水	1500円	63年
	スペシャル スキンローション(さっぱりタイプ、しっとりタイプ)	化粧水	1500円	63年
	スペシャル フレッシュローションN	化粧水	1600円	63年
	スペシャル ゴールデンメローローション	乳液	1500円	63年
	スペシャル フレッシュモイスチャーローション	乳液	1600円	63年

メーカー名	商　品　名	種　　類	価　格	発売年
資生堂	スペシャル モイスチャーローション(さっぱりタイプ、しっとりタイプ)	乳液	1500円	63年
	スペシャル マッサージクリームN	クリーム	1500円	63年
	スペシャル モイスチャークリーム	クリーム	2000円	63年
	スペシャル メーキャップクリーム	化粧下地	1400円	63年
	スペシャル クレンジングフォームN	洗顔剤	1200円	63年
	スペシャル クレンジングクリームN	メイク落とし	1200円	63年
	スペシャル フェーシャルパック	パック・マスク	2000円	63年
	スペシャル リップクリームN	リップクリーム	1000円	63年
ジュジュ化粧品	マダムジュジュ	クリーム	600円	50年
	マダムジュジュE クリーム(普通肌用)	クリーム	700円	66年
	マダムジュジュE 化粧水	化粧水	700円	69年
	マダムジュジュE 乳液	乳液	700円	71年
	マダムジュジュE スキンフレッシュナー	ふき取り用化粧水	700円	72年
	マダムジュジュE ナイトクリーム	ナイトクリーム	700円	76年
	マダムジュジュE クリーム(乾性肌用)	クリーム	700円	78年
ゼノア化粧料(東京美容科学研究所)	KBローションα	化粧水	2800円	36年
	コールドクリーム	クリーム	3000円	58年
	フェイシャルパウダー	ファンデーション	3000円	58年
	まゆずみ2色セット	眉墨	3300円	60年
	BSクリーム	クリーム	2500円	61年
	マッサージクリームα	クリーム	4000円	61年
	ローションA-30	化粧水	4000円	73年
	クリームA-30	クリーム	7000円	76年
	ソフトパック	パック	3000円	78年
ハイム化粧品	ピュアエクセレント 化粧水D	化粧水	1380円	80年
	ピュアエクセレント 化粧水N	化粧水	1380円	80年
	ピュアエクセレント 乳液D	乳液	1380円	80年
	ピュアエクセレント 乳液N	乳液	1380円	80年
	ピュアエクセレント ナイトクリームD	クリーム	1380円	80年
	ピュアエクセレント ナイトクリームN	クリーム	1380円	80年
	ピュアエクセレント クレンジングジェル	メイク落とし	1350円	80年

メーカー名	商　品　名	種　　類	価　格	発売年
ハイム化粧品	ピュアエクセレント ウォッシングクリーム	洗顔剤	1250円	80年
ファンケル	洗顔パウダー	洗顔料	3本セット 1750円	82年
	化粧液 しっとり	化粧水	3本セット 1700円	82年
	スキンローション さっぱり	化粧水	3本セット 1500円	82年
	乳液 しっとり	乳液	3本セット 1700円	82年
	ミルキィローション	乳液	3本セット 1700円	82年
ポーラ化粧品本舗	ポリシマ・トーニングローション(－R，－S)	化粧水	5800円	72年
	ポリシマ・モイスチャーミルク(－R，－S)	乳液	6800円	72年
	エバンジル・トーニングローションエクストラ(－R，－S)	化粧水	9700円	78年
	エバンジル・モイスチャーミルクエクストラ(－R，－S)	乳液	12600円	78年
明色化粧品	明色美顔水	化粧水	700円	1885年
	明色奥さま用クリーム	クリーム	700円	66年
	明色奥さま用乳液	乳液	700円	68年
	明色奥さま用アストリンゼン	化粧水	700円	69年
	明色スキンフレッシュナー	ふき取り用化粧水	700円	70年

ゼノア化粧料のフェイシャルパウダー
写真提供：ゼノア化粧料

問合せ先●資生堂：☎0120-81-4710●ゼノア化粧料：55ページ参照
●ジュジュ化粧品：☎03-5269-2121●明色化粧品：☎0120-12-4680

ほとんどの商品が「色の構成を変え、植物エキスを入れた」(カバーマーク)、「無香料にして、植物エキスを入れた」(ハイム化粧品)など、何らかのリニューアルはされています。しかし、基本的な配合は変わっていません。

そのなかで、50~60年以上も愛用され続けてきた、まさにロングセラーと呼べる化粧品を多くつくっているのは資生堂、ゼノア、ジュジュ、明色です。そして、ポーラ化粧品本舗を除いて、総じてロングセラー化粧品の価格は高くありません。根強いファンのために、据え置きで頑張っているのでしょう。だから、安心なうえに、お得です。

●要注意成分が入っていても相対的に安全

ただし、メーカーや製品によっては、かならずしも配合されている成分の安全性に十分な配慮がされているとはいえません。

調べてみると、たとえば資生堂の化粧水ドルックス オーデュベールNには、発ガン性が指摘されている酸化防止剤のジブチルヒドロキシトルエン(BHT)が入っています。ジュジュ化粧品のマダムジュジュには、やはり発ガン性の指摘がある乳化剤・保湿剤のトリエタノールアミンが、配合されていました。また、ほとんどの化粧品にパラベンが含まれています。

では、BHTやトリエタノールアミンが入っていたら、それだけで使わないほうがよいのでしょうか。私は、たとえそうした成分が入っていても、ロングセラー化粧品には、それなりのよさがあると確信しています。多くの人が使い続けてきた商品の安全性は信じられると思うからです。

こうしたロングセラー化粧品の大半は、化粧水をはじめとする基礎化粧品です。最近になって人気の美容液や美白化粧品は、ほとんどありません。

急増する敏感肌について、全国248施設397名の皮膚科医を対象にしたアンケート調査結果が報告されています(00年、回収率65%)。その結果を見ると、79%が「皮膚バリアー機能の低下」を敏感肌の原因としたのは当然として、「誤ったスキンケア」を60%があげていました。

専門家の過半数が、毎日使う化粧品を問題にしているわけです。とくに、合成界面活性剤が多用されている洗顔剤、合成ポリマーが多用されている美容液・乳液、合成界面活性剤を配合して成分を浸透し

やすくした美白化粧品の影響が大きいと思われます。合成界面活性剤の問題については7ページで書いたとおりです。合成ポリマーの多用は、皮膚の呼吸を妨げてしまいます。

つまり、美容液や美白化粧品のような、メーカーがいうところの化粧品の「進化」によって、わたしたちの肌は知らず知らずに弱くなってきたのです。こうして、いろいろな化学成分が皮膚から浸透しやすい状況がつくられていきました。だから、要注意成分がいくつか入っていたとしても、昔から愛用されている基礎化粧品を使うほうが、素肌を守るうえでは安心なのです。

わたしは、あとからあとから発売される新商品より、ロングセラー化粧品を、迷わず選びます。なお、安全性に問題がある成分が入っていないほうがよいのは当然ですから、表示はよくチェックしてください。

＊伊藤明ほか「皮膚科医からみた『敏感肌』の実態とその認識」『臨床皮膚科』54巻2号、00年。

明色化粧品の明色奥さま用アストリンゼン（右）と
資生堂のドルックス ナイトクリーム（左）

合成界面活性剤・合成保存料を不使用

太陽油脂のパックス ナチュロン シリーズ

使用成分から見て納得できる

このシリーズのエモリエントクリーム(保湿クリーム、35g、1500円)、フェイシャルローション(化粧水、100㎖、1500円)、ハンドクリーム(70g、800円)、リップクリーム(3・5g、600円)は、合成界面活性剤や合成保存料を使っていません。そのため、保存料としてヒノキチオールが、クリーム類には合成界面活性剤の代わりにカリ石ケン素地、酸化防止剤としてトコフェロールが加えられています。合成界面活性剤が私たちの皮膚の安全や環境への配慮なしに乱用されているなかで、この化粧水とクリーム類はおすすめです。

トコフェロールは、発ガン性のあるブチルヒドロキシアニソール(BHA)と比べて安全性が高いといえます。ただし、ヒノキチオールは、染色体異常やアレルギーを起こすという報告があります。

フェイシャルローション
写真提供：太陽油脂

最近はクリーム類の人気が落ちてきました。とりわけ、油気の多いクリームは好まれません。代わって美容液が人気です。ヒヤッとしたつけ心地、つけたときのさっぱり感など、水っぽいものが好まれる時代なのでしょうか。こうした美容液には水が60～80%も含まれ、合成界面活性剤のきわめて強力な水と油を溶け合わせる力なしには製造できません。

保湿クリームとハンドクリームを使ってみましたが、心配した石けんの臭いはまったくせず、さっぱりした使い心地でした。香りは強くありません。もともと水っぽい液状の美容液がきらいなわたしには、好みのクリームです。合成界面活性剤が使われているクリームより、のびがややよくないかもしれ

ません。でも、わたしはこの使い心地のほうが肌にナチュラルに感じました。

よく出てくる(2)や-2の意味

ハンドクリームの表示成分には、「ヒマワリ油(2)」「キダチアロエエキス-2」と書いてあります。この「(2)」や「-2」はよく表示成分欄に出てきますが、きっと何を意味しているのかわからない方が多いでしょう。

ヒマワリ油は、ヒマワリの種子から得た油。原料の種子によって(1)と(2)があります。オレイン酸を多く含むヒマワリの種子から得た油が「ヒマワリ油(2)」です。

アロエエキスは、ユリ科植物のアロエベラやキダチアロエなどの葉から抽出したエキス。アロエの種類と抽出に用いる化学薬品によって、(1)と(2)に分けられています。「キダチアロエエキス-2」は、葉または葉の液汁を乾燥させて、水と、エタノール、プロピレングリコールなどによって抽出したエキスです。粘り気のある成分を含んでいます。

アロエは古くから便秘や痔などを治療する民間薬として使われてきました。化粧品には、保湿効果を期待して加えられています。ただし、かぶれやアレルギー性皮膚炎を起こす場合があるので、人によっては注意が必要です。

ハンドクリームを顔に塗ってもOK

また、「このハンドクリームを顔に使いたいが、問題ありませんか」という質問を受けました。

使い心地がよいので、そんな気にもさせられますね。成分的には、まったく問題ありません。念のため太陽油脂に確認しましたが、「もちろん大丈夫」との返事。クリームやファンデーションの下地クリームとしても、安心してお使いください。

ハンドクリーム(上)と
エモリエントクリーム(下)
写真提供：太陽油脂

問合せ先：0120-894-776

ゼノア化粧料（東京美容科学研究所）

●化粧下地として使えるクリーム

ゼノア化粧料のクリームは、お化粧をする際に肌から化粧品成分がなるべく吸収されないようにつくられています。とりわけ、敏感肌の人やアレルギーを起こしやすい人には、こうした配慮のある商品がおすすめです。

クリームA―30（50g、7000円）は、水のほか、保湿剤のグリセリン、ミネラルオイル（流動パラフィン）・パルミチン酸セチルなど多種類の油剤が配合されています。ふつうは数種類が使われている合成界面活性剤は、（ステアリン酸／リンゴ酸）グリセリルだけ。石けん成分のステアリン酸や水酸化K（カリウム）も加えられていて、合成界面活性剤の使用をできるだけ控えた処方です。

ゼノアの小澤社長は、「合成界面活性剤や合成ポリマーが皮膚のバリア（防御）機能を壊す」と指摘。バリアを壊さない化粧品の開発に取り組んできました。したがって、このクリームには合成ポリマーは使われていません。また、こうも主張しています。

「油気のある、固めのクリームをまず塗って皮膚を守り、その上からファンデーションなどを使えば、クリームが壁になって化学物質の吸収を抑える役割を果たす」

そこで、保湿の必要がなく、冬でもクリームや乳液を使いたいと思わないわたしは、このクリームをお化粧するときの下地クリームとして使っています。小澤理論を実践しているのです。いまでは、化粧品の本を書くためにファンデーション、アイメイク、チークなどを試さざるを得ないわたしの肌を守るための、必需品となっています。

使い心地はどうでしょうか。たしかに油っぽいク

ローション A–30
写真提供：ゼノア化粧料

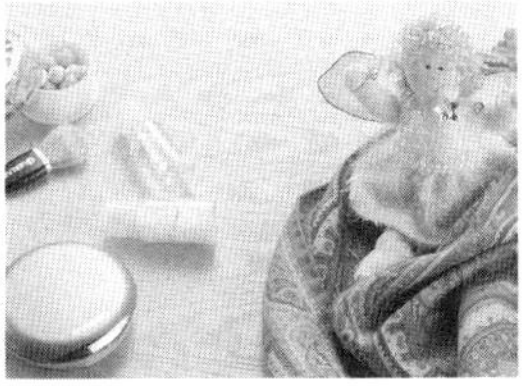

リームで、水っぽい化粧品に慣れた人にとっては、塗った感じはいまひとつかもしれません。とくに、夏にはうっとうしい感じがします。でも、塗ったあとで、布やティッシュで軽くおさえたり、蒸しタオルでおさえるなど一手間かけると、気になりません。

つけ心地がさわやかな化粧水

ローションA―30（100㎖、4000円）の成分は、水、変性アルコール、グリセリン、BG、タンニン酸、サリチル酸、カンフル、メントール、香料。化粧水としてはシンプルです。ベタベタした、保湿剤てんこ盛りの化粧水が大きらいなわたしには、つけ心地がとてもさわやかで、好きなタイプです。

ただし、保存料のサリチル酸には、皮膚への刺激があり、発疹を起こす場合があります。敏感肌の方は、香料とサリチル酸を入れていないローションA―30アルファ（100㎖、4000円）を試してみるとよいでしょう。

また、いずれも香りや容器はなんとも古めかしく、いわば昭和30年代の雰囲気です。価格も高めですが、製造している工場を見せていただき、少量生産のためと納得しました。

クリーム A-30の配合成分
水、グリセリン、ミネラルオイル、ステアリン酸、パルミチン酸セチル、セタノール、ハトムギ油、キュウリ油、スクワラン、ミンク油、オリーブ油、アボカド油、イソステアリン酸、ヤシ油、ラノリン、ミツロウ、モクロウ、水酸化K、ビタミンA油、コーン油、ピーナッツ油、ダイズステロール、(ステアリン酸／リンゴ酸)グリセリル、マンニトール、ラノリン脂肪酸、リンゴ酸、フィチン酸、トコフェロール、エルゴカルシフェロール、グリチルレチン酸ステアリル、パラベン、香料

問合せ先：☎0120-24-4251(関東)
☎0120-85-9581(九州)

化学染料が入っていないヘナ

ダークオレンジに染められる

わたしは、20~21ページで書いたような理由で、髪を染める気にはなりませんでした。「白髪で何が悪いの」とも思います。

ところが、若くして白髪が多くなった友人たちから「安全な染毛剤がほしい」とずいぶん言われました。そこで、いろいろ探してたどりついたのがヘナ。刺激性も毒性もなく、髪を傷めません。

ヘナは、インドやエジプトに自生する薬草。色はモスグリーンで、草のかぐわしい匂いがします。その葉を乾燥させ、粉末にして使うのです。古くから髪を染めるのに利用されてきました。自分で簡単に染められるので便利です。染め方を輸入メーカーのひとつネパリ・バザーロのパンフレットからご紹介しましょう。

① 容器にヘナを30~50g入れ、少しずつ水を加えながら混ぜて、よく溶く。ホットケーキのたねぐらいの硬さがよい。

② ぬらしておいた髪をまん中から分け、ハケでたっぷり塗り込む。毛先はヘナを手で取って刷り込む。

③ シャワーキャップやラップでおおい、約1時間おく。

④ ドライヤーで熱したあと、お湯で流す。

わたしも最近は、2カ月から3カ月おきにヘナで染めています。白髪がオレンジ色になると、たしかに若々しく見え、気に入りました。

トリートメント効果もあるので、白髪染めだけでなく、傷んだ髪の回復にも使えます。ただし、たま

にアレルギーを起こす人がいるので、パッチテストは必要です。

化学染料が入ったヘナもあるので要注意

ところが、同じヘナでも化学染料が入ったものもあるので、よく注意しなければなりません。リマナチュラルクリエイティブのヘナからは、発ガン性や環境ホルモンが疑われている化学物質が検出されました。このヘナは茶や黒に染めるタイプです。ヘナでは黒く染まりません。

このほか、安全なヘナかどうかを見分ける方法がふたつあります。

ひとつは匂いを嗅ぐこと。安全なヘナは乾燥した葉の匂いです。酸っぱい匂い、シッカロール、香料、薬品などの匂いがしたら、使わないでください。

もうひとつは変色テストをしてみること。やり方はつぎのとおりです。

①ポリエチレンの袋に入れて空気を抜き、ゴムできつくしばる。

②それを紙（ティッシュペーパー）で包む。

③さらに、ポリエチレンの袋に入れ、ゴムできつくしばり、そのまま1週間ほど様子を見る。

化学物質が入っていると紙が褐色に変色します。その場合は、使わないほうがよいでしょう。

表4　化学染料を含まないヘナ

メーカー名	商品名	分量・価格	問合せ先
グリーンノート	ナチュラルハーブヘナ		☎03-3366-9701
	オレンジ	100g 1500円	
	ライトブラウン	100g 1600円	
	ナチュラルブラウン	100g 1600円	
ナイアード	ヘナ100%	100g 1000円	☎042-546-9435
	ヘナ＋10種のハーブ	100g 1200円	
	ヘナ＋木藍	100g 1500円	
ネパリ・バザーロ	ナチュラル ヘナ	70g 800円	☎045-891-9939
	ナチュラル アムラ＆ヘナ	70g 800円	

ハイム化粧品とちふれ化粧品

わたしが好きな化粧品メーカーは、ハイム化粧品とちふれ化粧品です。

大半のメーカーが「企業秘密」と言って、食品などでは公開されている原料成分の情報さえ隠していた時代から、ハイムとちふれはすべての成分を表示し、その配合割合も明らかにし、製造年月日も表示していました。それが、好きな理由です。

●安全性に気を配ってきたハイム

ハイムは、安全な化粧品づくりにも早くから取り組んできました。たとえば、発ガン性があり、アレルギーを起こしやすいタール色素を使わない口紅の開発に取り組むなど、消費者の思いを汲んでくれるメーカーです。品質がよいのに価格が安いことも、評価できます。02年に低刺激メイクシリーズとして新しく発売された化粧品を紹介しましょう。

■ナチュラル パウダーファンデーション詰替用＝4色、1100円

■ナチュラル リップスティック＝4色、1300円

いずれも、環境ホルモン作用がある紫外線吸収剤やパラベン、石油系合成界面活性剤、タール色素、アレルギーを起こしやすい香料を含んでいません。

ファンデーションは安いにもかかわらず、他メーカーの3000～5000円クラスと比べて、のびや肌へののりがよく、お得です。

口紅は、天然色素のなかでも酸化チタンやマイカなどの顔料で着色しており、植物性色素より安定性と安全性にすぐれています。また、唇の色とあまり変わらないナチュラルな感じです。わたしは、ふだんはこれを利用しています。

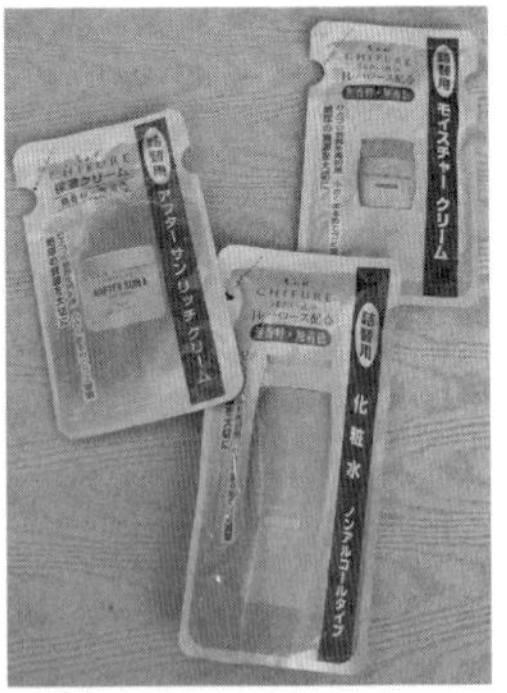

右からちふれ化粧品のモイスチャークリーム、化粧水、アフターサンリッチクリーム（いずれも詰替用）

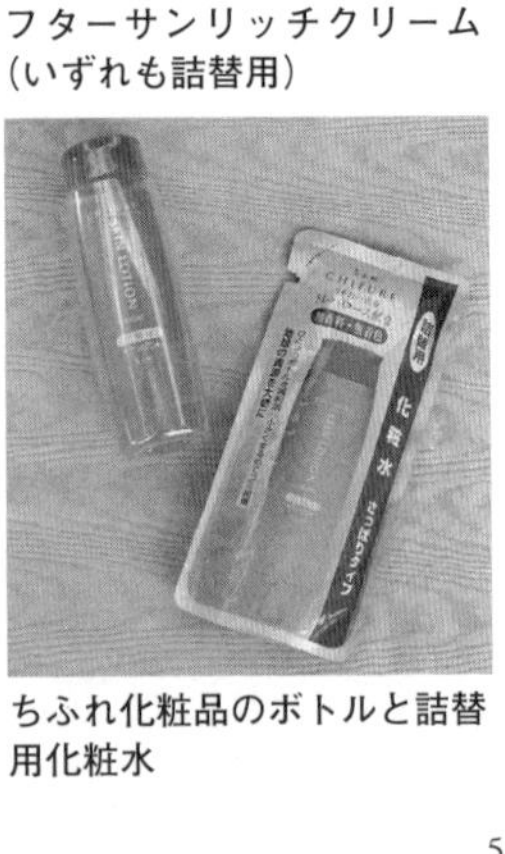

ちふれ化粧品のボトルと詰替用化粧水

価格が安く、表示が見やすい、ちふれ

ちふれは、ふつうの化粧品も安いですが、詰替用はよりお得です。化粧水、クリーム、口紅など、ほとんどの商品に詰替用があります。

■化粧水さっぱりタイプ詰替用＝150㎖、400円

■モイスチャー クリーム（保湿クリーム）詰替用＝50g、500円

容器のムダを省く工夫をしているうえに、無香料・無着色です。

そして、たとえばクリームでは、ミネラルオイル（流動パラフィン）が30％、合成界面活性剤のステアリン酸グリセリルは2・93％というように、配合割合が表示されています。しかも、成分が、たとえば乳化剤＝モノステアリン酸ＰＯＥソルビタン、保湿成分＝1、3-ブチレングリコール、防腐剤＝パラベンなど用途別に表示され、他の化粧品メーカーと比べて抜きん出て見やすい表示方法です。こうしたわかりやすい表示を率先して実行していることには、頭がさがります。

ただし、バニシングクリームには発ガン性が指摘されているジブチルヒドロキシトルエン（ＢＨＴ）が使われており、この点は改善してほしいと思います。

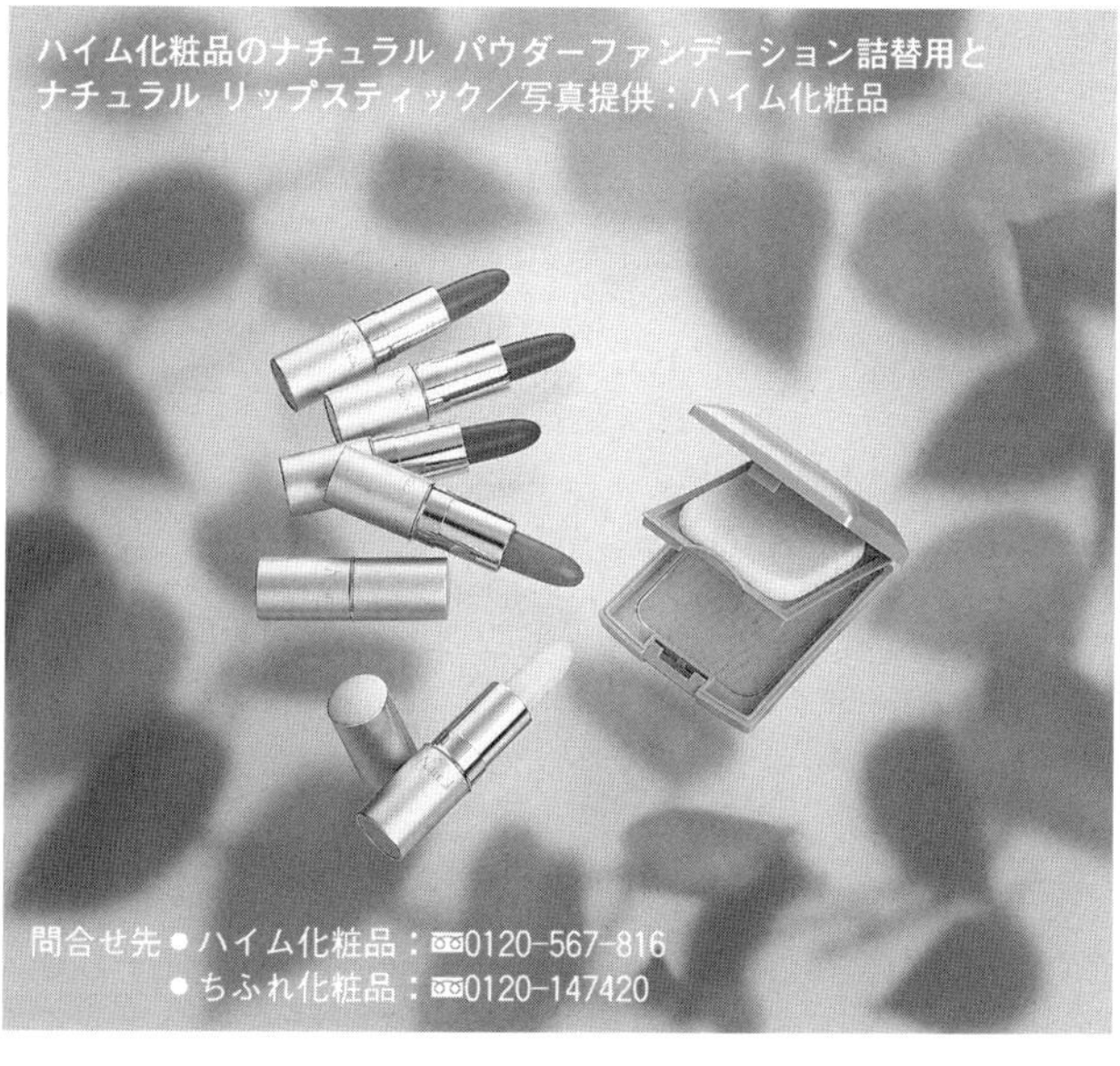

ハイム化粧品のナチュラル パウダーファンデーション詰替用とナチュラル リップスティック／写真提供：ハイム化粧品

問合せ先●ハイム化粧品：0120-567-816
●ちふれ化粧品：0120-147420

わたしが評価できるメーカー

ファンケルと資生堂

講演などで、よく「境野さんが評価している化粧品メーカーを教えてください」と聞かれます。これは答えに困る質問です。ある部分では評価できても、別の面では問題があるというケースが多いからです。ここで取り上げる2つのメーカーにもそうした点があることを、あらかじめご了解ください。

小分け容器の販売は評価できるファンケル

ファンケルは、製造年月日を表示し、保存料を入れないで小分け容器の販売を試みているところが評価できます。

保存料は、パラベンにしても安息香酸塩にしても毒性が高い化学物質です。安息香酸塩はアレルギーを起こしやすいし、染色体異常をもたらすという報告もあります（パラベンは110〜111ページ参照）。しかも、化粧品への配合量は一般に食品の100倍程度。「化粧品を毎日使う身にもなってよ」と、本当にメーカーに言いたいです。

しかし、保存料を入れなければ、日持ちが悪いので、これまた困ります。とくに、わたしのようにたまにしか使わない化粧品がある場合は、なおさらです。「保存性はほしいけれど、毒性はイヤ」と勝手なお願いで申し訳ないのですが、食品メーカーは密閉容器や脱酸素剤を開発するなどして、合成保存料に頼らないような努力もしてきました。化粧品メーカーにもそうした努力をお願いしたいと思います。

また、わたしも会員になっているNGOの日本子孫基金が98年に各メーカーに環境ホルモン作用がある物質の使用状況についてアンケート調査したと

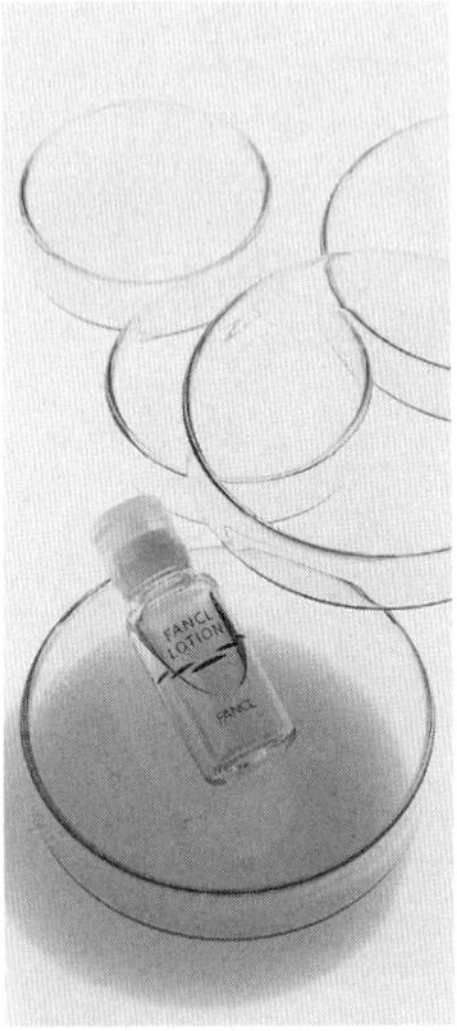

ファンケルの小分け容器
写真提供：ファンケル

き、誠実に対応してくれたのがファンケルです。たとえば、「環境ホルモン作用がある物質として何を認識していますか」という質問に対するカネボウとファンケルの回答は、大きな差がありました。

「PCB、DDT、ダイオキシンが該当すると思われますが、これらの物質は化粧品原料として一切使用しておりません」（カネボウ）

「紫外線吸収剤のオキシベンゾン、保香剤のフタル酸エステル類、酸化防止剤のBHT」（ファンケル）

化粧品に使われているはずがないものをあげるだけのカネボウの認識の低さには、本当にがっかりさせられました。一方ファンケルは具体的な成分名をあげたうえに、以下のように言明したのです。

「染毛剤のアセチルアニリドや殺菌剤のイソプロピルメチルフェノールなど4種類にも環境ホルモン作用の可能性があるので、使用していません。また、容器にも環境ホルモン作用がある物質の溶出がないものを使用しています」

こうした理由で、ファンケルの姿勢を評価したいのです。たとえば、つぎのような商品があります。

■フェナティ化粧液さっぱり＝30㎖、1400円
■エヴァンテ化粧液さっぱり＝30㎖、1700円

ただし、化学物質を20〜30種類も使いながら、いまも「無添加」を宣伝している点は、感心できません。

スタッフの質や品質管理はよい資生堂

売上げが世界第4位のトップメーカーである資生堂は、研究スタッフの陣容や原料の品質管理などは信用できます。わたしが化粧品について調べるときの教科書は、『新化粧品学』（光井武夫編、南山堂、最新は2版、01年）です。この本は資生堂化学研究所の各部門を担当している研究員たちによって書かれ、その内容からは技術者としての誠実さが伝わってきます。こうしたスタッフがいるメーカーの商品なら安心して使えると思えます。

敏感肌用の化粧品（dプログラム）を早くから手がけ、ロングセラー商品が多いのも、好ましいところです。ビン容器のリサイクルにも、大手メーカーではじめて取り組みました。

けれども、「小顔になる」とか「香りでやせる」などの「効果」を強調し、因果関係があいまいな商品を開発・販売している点は、まったく気に入りません。

問合せ先
ファンケル：☎045-226-1200
資生堂：49ページ参照

企業努力で安さを実現

エイボン・プロダクツ

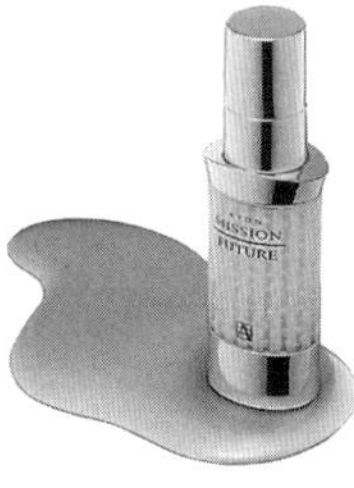

写真提供：
エイボン・プロダクツ

化粧品の価格破壊はエイボン・プロダクツによって進められています。日本の化粧品メーカーも定価販売ではなくなりましたが、せいぜい10～20％引き。40～50％ｏｆｆのバーゲン価格というエイボンの安さは、群を抜いています。定価自体が他の大手メーカーより安いうえに、この割引率です。たとえば化粧水のネオ ナチューラ ライト モイスチュアローション（120㎖）は、通常価格は3500円ですが、カタログ価格は2800円になり、キャンペーン中はさらにその半額の1400円で売られています。

そのためか、こんな質問を受けました。

「口紅を2個以上買うと1個990円が594円になるなど、考えられない安さです。他のメーカーの化粧品に比べて、製造年月日が古いとか品質が落ちるなどの問題点はないのでしょうか？ 在庫品整理などの〝わけあり商品〟ではありませんか？」

エイボンは、本社がニューヨークにあるアメリカの化粧品メーカー。売上げは37億3000万ドルで、世界の化粧品メーカー中6位です（02年度のデータ、ちなみに1位はロレアルグループ、2位はP＆G）。下着、アクセサリー、健康食品なども販売し、エイボン女性大賞や乳ガン撲滅キャンペーンなど女性を応援するプログラムでも、よく知られています。早速、この方の疑問を広報部にぶつけてみました。

「バーゲン価格は、スーパーのタイムサービスと考えてください。古くなった商品や在庫品整理では、決してありません」

つまり、目玉商品だというのです。でも、すぐに安心はできません。化粧品には製造年月日が入っていないのですから、「新しい」と言われれば、「はい」と言うしかないのです。信頼できるのでしょうか？

「製造年月日については、買った商品のロットナンバーを言っていただければ、どなたにでもお教えします。また、品質に関しては、絶対の自信をもっています」

では、安さの秘訣は何でしょうか。

「まず、小売店を通さないで販売していますから

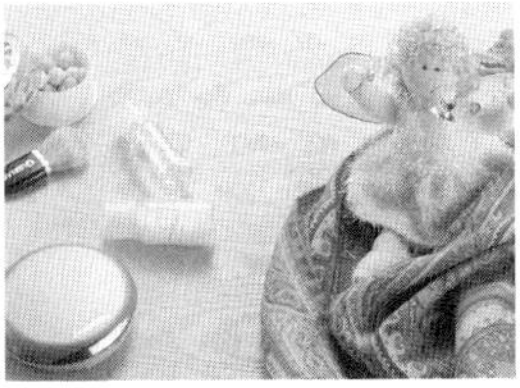

中間マージンがありませんし、店舗販売が少ないので、店の維持管理費や販売員の人件費が少なくてすみます。また、カタログ製作・宣伝・広告などの費用を最小限にし、製品の開発費も抑えてきました。さらに、世界中で販売していますから、大量生産で安くできます。そして、運送や在庫管理などのコストダウンに、十数年前から必死で取り組んできました」

たしかに、日本の大手メーカーのように、一等地にあるデパートの売り場に販売員を置き、テレビや女性誌でCMを流し続けるコストは、莫大なもの。その部分を抑えれば、安くできると納得させられました。

そして、安いだけでなく、インターネットで購入する場合、全成分表示がとてもわかりやすくなっています。また、「かぶれた」などのトラブルがあったときはもちろん、「気に入らなかった」「思っていたのと違った」という場合も返品できるので、安心です。

加えて、チラシ・カタログへの成分表示と、医薬部外品であっても全成分表示をしてほしいことを、注文しておきましょう。

ただし、商品の保存性を重視するためか、安全性への配慮は不十分です。たとえば、化粧水やファンデーションなどにパラベン、口紅にはジブチルヒドロキシトルエン（BHT）とタール色素、アイカラーやチークにもタール色素が使われています。こうした物質を使用しないでつくってほしいですね。

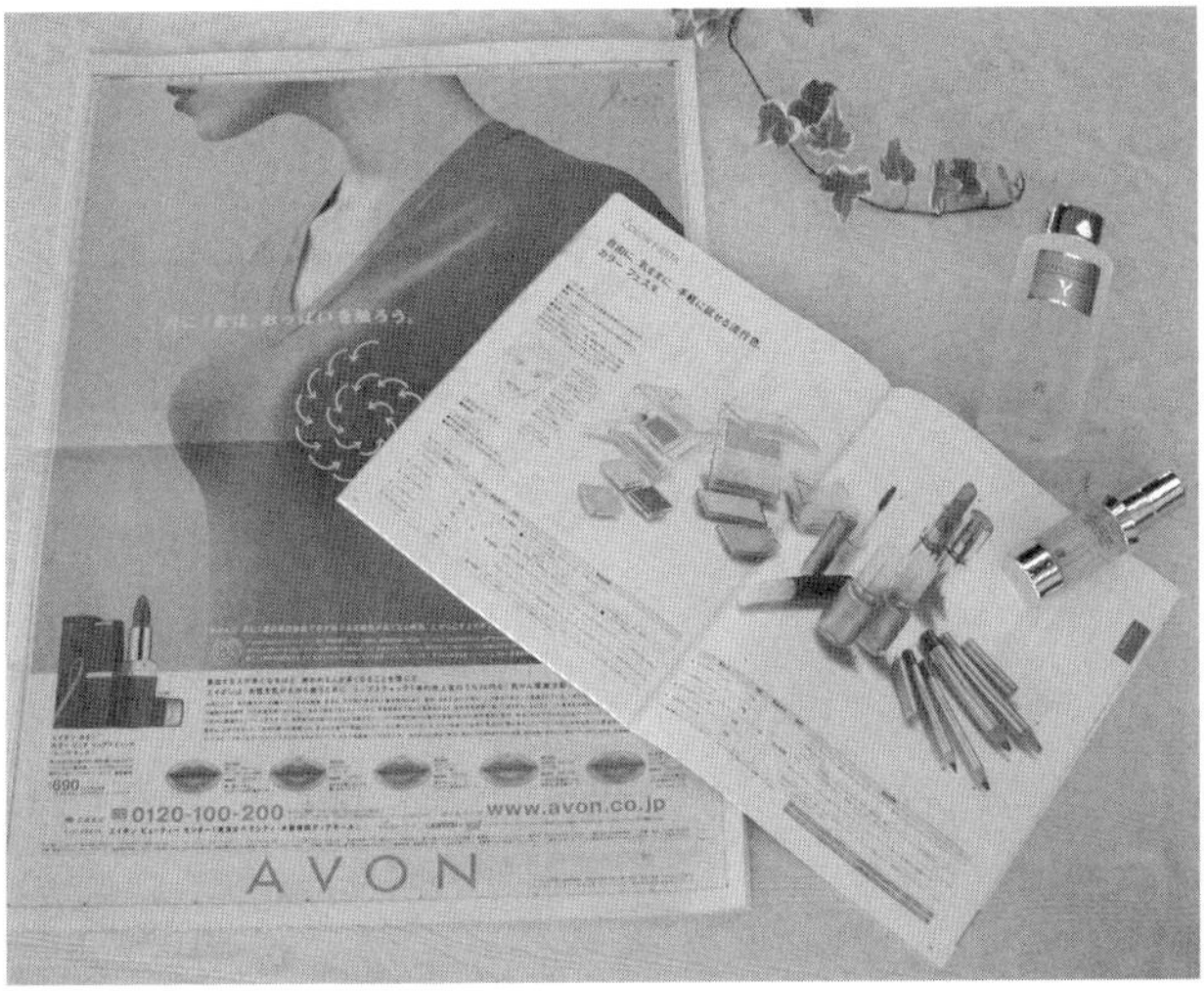

問合せ先：☎03-5353-9000
注文：0120-100-205

ゲランやザ・ボディショップのファンデーションなど

女性誌などで、派手に、そして好意的に取り上げられていた外国製化粧品のうちいくつかを買ってみました。含まれている成分と使い心地から、使ってもよいとわたしが判断したものを紹介します。

ファンデーションや口紅ですから、毎日のように使うものではないという前提で、保存料のパラベンとフェノキシエタノールは使われていても仕方がないと考えました。また、くどいようですが、必ず自分の肌で確かめてから、お使いください。

●ゲランのMÉTÉORITES(赤以外)

赤、緑、黄、紫と多彩な色がある、球状のパウダーファンデーション。タール色素を使っていたら困るなと思っていましたが、赤だけでした。赤には赤色202号カルシウムレーキ(カルシウムと反応させて、水に溶けないようしたタール色素)が使われています。

そのほかの色の原料は、酸化鉄、グンジョウなどの無機顔料です。パラベンとフェノキシエタノールは使われています。また、小麦デンプンが含まれているので、小麦にアレルギーのある人は気をつけましょう。

ゲランは、たくさんある外国化粧品メーカーのなかで、早くから日本のインターネットサイトで全成分を公開していました。ところが、現在では後退しています。以前のような成分をじっくり確かめられる表示に戻してほしいと思います。

●ザ・ボディショップのPREBASE

イエローカラーの化粧下地です。フェイスプラン

ナーのかづきれいこさんが、テレビで「イエローカラーのファンデーションが日本人の肌色に合う」と言っていたのを見て、試してみようと思いました。保存料はフェノキシエタノールと2種類のパラベンです。ふだんは薄化粧しかしないわたしの場合は、下地だけでなく、ファンデーションとしても十分に使えます。ただし、かづきさんのメイクのような劇的な効果は期待できません。

ボディショップは、包装を最少限にし、容器の再利用もしている、数少ないメーカーです。お店に容器を持って行けば詰め替えてもらえます。こうした姿勢はおおいに評価し、応援したいですね。

クリニーク ラボラトリーズのsuperfit makeup

オイルフリー、100%フレグランス(芳香)フリーの、液状ファンデーションです(フリーとは、その成分が使われていないという意味)。

クリニークは、68年にアメリカのオラントラック博士などによって発表された、元祖ドクターズ・コスメ。当時としては画期的な「無香料」「アレルギーテスト実施」の化粧品を発表しました。しかし、

問合せ先
ゲラン：☎0120-140-667、ザ・ボディショップ：☎03-5215-6160
クリニーク ラボラトリーズ：☎03-5251-3541、クラランス：☎03-3470-8545

残念ながらインターネットでは成分表示がされていません。売り場で「含まれている成分を教えてほしい」と言ったら、全成分のコピーをくれました。

それによると、皮膚から吸収されにくいシクロメチコンなどのポリマーと5種類の合成界面活性剤でできているファンデーションです。保存料は3種類のパラベンとフェノキシエタノール。着色剤は酸化チタンと酸化鉄なので、香料にアレルギーがある女性にはおすすめできます。

ただし、クリニークは消費者への情報をもっとオープンにしてほしいと思います。

●クラランスの Masque Contour des Yeux

以前『買ってもよい化粧品 買ってはいけない化粧品』で取り上げるために、クリスチャン・ディオールの目元美容液 CAPTURE ESSENTIEL YEUX の成分表示を見て驚きました。タール色素の青色1号、無機顔料のマイカや酸化チタンなどが入っていたからです。基礎化粧品であるにもかかわらず、これではアイメイクです。メイクで「むくみ、クマ知らずの目元を演出する」(チラシの文章)とは！ しかも、

この目元美容液を、「夜、お休み前にも使ってください」というのですから、驚くしかありません。

一方、クラランスのこの目元用美容液には、ファンデーションの成分は入っていません。敏感な目元のケアにお金を使うのであれば、この商品のほうがよいでしょう。ただし、目元の保湿の必要を感じないわたしは使いません。

＊なお、外国製化粧品の全成分表示は、日本輸入化粧品協会のサイト (http://www.ciaj.gr.jp/public/ingredient-p.html) でチェックできます(すべての外国化粧品が調べられるわけではありません)。

CHAPTER 3

この化粧品・メーカーは避けたい

レチノール入り「シワ対策」化粧品

メナード、コーセーなど

どうしてシワができるの?

いつまでも若々しいと思っていた友人の目元や口のまわりに、たくさんのシワを見つけたときの衝撃。もっと悲惨な例は自分の場合。夜が明け始める至福のころ、ティーカップを渡すわたしの顔をじっと見つめた夫から、「年をとったなあ」と一言。ああ、シワはほしくない。

年をとるのは仕方ないけれど、シワやシミのある顔に慣れるのは、容易ではありません。効果があるといわれる化粧品をつけたくなる気持ち、わかるなあ。

そんな女性が多いのでしょうね。加えて化粧品メーカーが力を入れていることもあって、いわゆる「シワ対策」化粧品(表5)は、市場全体が落ち込むなかで2~3%の売上げ増。中・高年層だけでなく、化粧品に興味とお金を惜しまない20~30代の女性もターゲットに、宣伝しています。若返りは、かなうことがない人類永遠のテーマです。だれもが年をとって死ぬという避けがたい事実に少しでも抵抗したいと思うのも、人間の習性なのでしょうか。

シワ、シミ、たるみ、乾燥などの皮膚の老化は、だれにでも現れる自然な現象です。

シワは厳密にいうと、皮膚がたるむことによって生ずる深い溝。25歳前後から発生し、年齢とともに増え、範囲が広がり、深くなります。原因は、皮膚の真皮(表皮の下にある)のコラーゲン(膠原線維)やエラスチン(弾力線維)がダメージを受けるためです。真皮には、肌の弾力を保つコラーゲンなどがはりめぐらされています。年をとると、こうした線維(細い糸状のもの)をつくる細胞の働きが鈍るため、弾力性や柔軟性が衰えるのです。また、紫外線の影響も大きいといわれています。

一に紫外線の防止、二に保湿

ただし、ある程度は防止できます。化粧品メーカーはすぐに保湿剤をすすめますが、一番の対策は、帽子、長袖、日がさによる紫外線の防止です。

表5　化粧品メーカーのイチ押し「シワ対策」化粧品

メーカー名	商品名	分量・価格	メーカーが主張する効果がある成分
アルビオン	エクシア リンクルスポッツ EX	30g 1万円	水分と油分の補給
	エクサージュ リンクル アクティベーション	40mℓ 1万円	
カネボウ	DEW モイスチャーデュウ	75mℓ 8000円	保湿剤アクアセリン120
クリスチャン・ディオール	フェノメン-A	30mℓ 9500円	レチノール(ビタミンA誘導体)
コーセー	リンクルAエッセンス	30g 5000円	レチノール(ビタミンA誘導体)
資生堂	リバイタル リンクルソフトAA	15g 1万円	レチノール(ビタミンA誘導体)、ウコンエキス
マックス ファクター	SK-Ⅱ マルチトリート アイコンセントレート	15mℓ 1万5000円	保湿剤ピテラ(天然酵母発酵代謝物)、ハイドロネクチン(タンパク質)、ヒアルロン酸
	SK-Ⅱ フェイシャルトリートメント リペアC	15mℓ 9500円	
メナード	スーパーコラックス アイ	18g 1万円	レチノール(ビタミンA誘導体)、コラーゲン、ヒアルロン酸
	スーパーコラックス	65mℓ 1万5000円	

次に大事なのが、保湿でしょう。皮膚が十分な水分を保っていると、シワは生じにくいからです。そのためには、洗いすぎない・こすりすぎないこと。化粧品を合成界面活性剤入りの強力なクレンジング剤で落としていると、大切な皮脂まで失われていきます。できるだけ皮脂を残す洗顔を心がけてください。

お化粧は固形石けんを使って落とし、よくすすぐこと。お化粧をしないときには、洗顔は水だけで十分。そのあとで化粧水や保湿剤などを使います。

水や油、保湿剤だけでは効果なし

さて、アンチ・エイジング、つまり若返りをテーマにメーカーがしのぎを削るシワ対策化粧品の効果は？　大手メーカーのイチ押し化粧品にどんな成分が配合されているのか、見てみましょう。

コーセー、クリスチャン・ディオール、資生堂、メナードはレチノール（ビタミンA誘導体＝ビタミンAの一部に他の化合物が反応してできたもの）、アルビオンは水分と油分の補給、カネボウとマックス ファクターは保湿剤です。

効果について、メーカーの方たちに聞いてみました。私は、アルビオン商品開発部の岡部美代治氏のこんな意見が、もっとも正しいと思えます。

「深くなったシワを化粧品でなくすことはむずかしいのですが、時期を遅らせることなら可能です。きちんとお手入れをして、紫外線に十分に気をつけてください」

水や油、保湿剤だけで生理現象のシワがなくせないのは、ちょっと冷静になって考えれば当然わかるはずです。しかも、「シワ対策」化粧品の価格は多くが1万円以上。単なる保湿剤なら、手ごろな価格のクリームが山のように市販されています。

レチノイン酸なら効くけれど……

唯一効きそうなのはレチノール。「シワ取り」効果が注目を浴びている成分です。

アメリカの研究者が70年代前半に、ニキビに効く薬として、レチノールを酸化させたレチノイン酸（ビタミンA酸）を発見しました。その後、動物実験でコラーゲンの生成を促す効果があることがわかります。そして、アメリカ食品医薬品局が97年に、シワに効く薬として認可しました。日本でも、皮膚科医たちは、シワやシミの治療にこぞってレチノイン酸

を使います。

ただし、高濃度の場合には皮膚への刺激が強く、皮がむけたり、赤みが出たりするほか、奇形を起こす性質（催奇形性）もあります。そのため、日本では医師にのみ使用が認められ、市販の化粧品や医薬品には使えません。そこで、似たような効果をもつと想定されるレチノールを使った化粧品が開発されました。酢酸レチノール、パルミチン酸レチノールなどが使用されています。レチノールは油溶性であるため、皮膚に吸収されやすいというメリットもあるからでしょう。

しかし、レチノイン酸と違って、本格的な臨床試験でシワへの効果が確認されたわけではありません。アメリカでは、レチノイン酸に比べて効果がきわめて低いとされています。

●副作用は同じ

一方でレチノールには、アレルギーが起きやすい、ビタミンA過剰症状（脳神経系＝神経過敏・頭痛、胃腸＝食欲不振・嘔吐、皮膚＝脱毛・かゆみ）などの副作用が報告されています。また、妊娠したラットに与えたところ、胎仔に吸収され、無脳症、口蓋裂、白内障などが見られました。加えて催奇形性があることから、医薬品として使う場合でも「妊娠中ないし妊娠の可能性がある女性への大量投与は避ける」と指示されています。

要するに、レチノイン酸なら効くが、レチノールではよく効かない。でも、副作用は同じ。高価で、効果は期待できなくて、副作用はあるのですから、レチノール入り化粧品はパスですね。

もっとも、妊娠の可能性がない中・高年女性の場合は、しっかりと効果があるレチノイン酸入りの化粧品なら試してみる価値があるかもしれません。私も試してみたい。ただ、あんまり「アンチ・エイジング」を連発されると、「うるさいわね、大きなお世話。シワは女の勲章よ」と、レチノールもレチノイン酸もぶっ飛ばしたくなってくる、わたしです。

コウジ酸入り美白化粧品

三省製薬、アルビオンなど

コウジ酸に発ガン性があった

美白化粧品に広く使われているコウジ酸に発ガン性があることがわかり、厚生労働省は03年3月、コウジ酸が含まれる化粧品の製造・輸入を禁止するように指導することを決めました。同省は、こう言っています。

「医薬部外品としての用法・用量の範囲であれば、発ガン性および遺伝毒性が発現するという明らかな科学的根拠はない。一方、発ガン性および遺伝毒性の発現を否定するだけの科学的根拠もない」

だから、万が一のリスクを少なくするために、発ガン性・遺伝毒性との関係が明らかになるまで製造・輸入をしないというわけです。ただし、「健康被害の報告はない」として、流通している商品の販売中止や回収まではしません。したがって、コウジ酸入りの美白化粧品はいまも店頭に並んでいます。なんだか中途半端だと思いませんか。

今回の禁止措置は、マウスの肝臓の細胞に腫瘍の発生が認められ、ラットでも肝臓ガン発生の可能性が示唆されたうえに、染色体異常などの遺伝毒性についても可能性が否定できなかったためです。もう少し詳しく、報告されたデータを見てみましょう。

マウスを使った発ガン性試験は、広島大学原爆放射能医学研究所によって実施されました。1・5%と3%の濃度のコウジ酸をそれぞれ口から与え(化粧品には0・5~1%配合されている)、20カ月間飼育。コウジ酸を与えなかったラットと比べた結果、つぎのようなことが明らかになりました。

① 生存率は100%だが、体重増加率が低下。

② 投与量が多くなると、甲状腺の肥大や腺腫が発生。

③ 1カ月の投与中止で、腺腫は減少。

④ メスの肝臓の腫瘍発生率は、コウジ酸を与えたグループで高い。

そして、甲状腺の腫瘍についてはホルモンを介して促進された可能性が、肝臓については発ガン性が、いずれも強く示唆されたと結論づけています。

天然だから安全とはいえない

　コウジ酸は、麹菌がつくる抗菌性がある微生物の代謝物質です。培養した液を抽出し、精製して製造されます。カニやエビ、餃子の皮の変色防止などに使われてきましたが、食品添加物としては、03年4月から食品衛生法で禁止措置がとられることがすでに決まっていました。厚生労働省が天然添加物の使用を禁止するのは、はじめてです。また、味噌や醤油にも微量に含まれていますが、同省は「味噌の抗ガン作用や濃度の低さから、微生物で分解されるので問題ない」としています。

　コウジ酸が使われている医薬部外品の美白化粧品は、厚生労働省によれば内外12社の約２００品目もあります（表6、また医薬部外品以外にも含まれている）。わたしは98年に出した『化粧品の正しい選び方』（コモンズ）で、三省製薬のデルメッド ホワイトニングクリームについて、コウジ酸の配合率（1％）を公表している点を高く評価したうえで、1年間使ったが効果はなかったことを紹介しました。そのうえ発ガン性があるのでは、ますます使いたくありません。

　また、流行の天然・自然ブームについても、あらためて考えさせられます。実際、天然・自然の物質には、コウジ酸程度の発ガン性や遺伝毒性をもつものがかなりあるのではないでしょうか。

表6　コウジ酸が入っているおもな医薬部外品

メーカー名	商品名
アルビオン	エクシア ホワイト ホワイトニング エクストラクリーム、イグニス ホワイトニング エクストラミルクなど
クリニーク ラボラトリーズ	ホワイトニング・エッセンスなど
コーセー	アウェイクS.R.ホワイト ホワイトニングクリームなど
コスメデコルテ	AQホワイトニングクリームなど
コスメロール	ブラン エクスペール、ホワイト デトックス エッセンスなど
三省製薬	アービアクリームL、ハウス オブ ロゼ スペリア ホワイトニング スポット エッセンス、デルメッド ホワイトニングクリームなど
サンプロダクツ	シャクリー ジェナホワイトニングクリーム、ビオナチュールローションなど
ソニア リキエル	ボーテ エクラピュルテ セラムクラルテデュソワールなど
日本ロレアル	ホワイトニング エッセンス WPC
ノエビア	ホワイトネスクリームなど
御木本製薬	ホワイトニングクリームM

（出典）http://www.mhlw.go.jp/topics/bukyoku/iyaku/kouji/list.html をもとに作成。

日本リーバのダヴ シリーズ

要するに保湿剤

テレビで「モイスチャーミルク配合」と、さかんに宣伝している日本リーバのダヴ シリーズ。洗顔料、シャンプー、リンス、ボディシャンプーなど、どの容器にも「モイスチャーミルク1／4配合」と表示されていました。モイスチャーミルクって、いったい何なのでしょうか。

モイスチャーミルクの英語表示は「moisturinglotion」。つまり単なる保湿剤なのですが、それがなぜか日本語ではミルクになるのです。日本リーバに成分が何かを問い合わせました。ところが、4分の1も含まれているというのに、はっきりとは教えてくれません。

「モイスチャーミルクの成分は、製品によって違います。フェイシャルウォッシュ（洗顔料）の場合はおもにグリセリンですが、詳しくは申し上げられません。企業秘密ですから」

グリセリンは一般に保湿剤として化粧品によく使われています。やはり保湿剤なのですね。

化粧品メーカーが保湿剤を入れるのは、合成界面活性剤入りの洗顔料や洗浄剤が皮脂を洗い落とし過ぎるためです。すでに、病的な乾燥肌などの障害が起きているために、過剰なまでの洗い落とす力を和らげようというわけですが、4分の1も保湿剤が入った製品を使ったら、肌はどうなるのでしょう。洗剤メーカーの研究者に聞いてみました。

「粘りを合成ポリマーで出して、肌をツルツルに感じさせます。シリコーンの皮膜が皮膚に残るからです。本や雑誌のツルツルのカバーや表紙を想像してください。保湿剤としてグリセリンやジプロピレングリコール（DPG）などを多く入れれば、ベタベタになって、水洗いしても皮膚にはうるおいが残るでしょう。でも、同時に合成界面活性剤も皮膚に残ります。それと、汚れは石けんのほうが落ちますよ」

洗っても合成界面活性剤が皮膚に残るなんて、気持ち悪いですね。実際に試してみましたが、すすいでも、すすいでも、肌に残るヌルヌル感と強烈な臭いにダウン。とても私には使えません。

なお、モイスチャーミルクをうたった洗顔料は、ほかにもたくさんあります。たとえば、ロゼットのSF洗顔フォーム（120g、500円）には「モイスチャー成分を40％配合しました」と大きく書かれ、「40％スーパーうるおい洗顔フォーム」と表示されています。

たくさんの危険な成分

洗顔料のダヴ　フェイシャルウォッシュ（150g）の場合、配合されている成分は16種類で、保湿剤は3種類。そのうちジプロピレングリコール（表記はDPG）は強い皮膚刺激があります。

また、界面活性剤のセテス―20と金属イオン封鎖剤のエデト酸塩はPRTR法で有害物質に指定されました。さらに、酸化防止剤のジブチルヒドロキシトルエンは発ガン性と変異原性（DNAや染色体に損傷を与え、突然変異を起こす性質）があり、皮膚炎やアレルギーを起こしやすい物質です。

一方、ボディーシャンプーのダヴ　ボディケアウォッシュ（550mℓ）に配合されている成分は19種類。エデト酸塩やジブチルヒドロキシトルエンに加えて、PRTR法で有害物質に指定された2つの界面活性剤や、環境ホルモン作用があるパラベンも含まれています。

ダヴ　フェイシャルウォッシュの配合成分
水、グリセリン、パルミチン酸、ステアリン酸、DPG、ミリスチン酸、水酸化K、ラウリン酸、セテス―20、マルチトール、ココイルメチルタウリンNa、ジメチコン、ヤシ油、エデト酸塩、ジブチルヒドロキシトルエン、香料

使用成分が非常に多く、値段も高い

ヴァーナルのアンクソープ

保湿剤だけで8種類も

ヴァーナルの洗顔石けんアンクソープは、110gで3200円もします。この値段に見合うような内容なのでしょうか？ 成分を見てみました。

配合成分は全部で22種類。多いですね。ふつうの石けんは、こんなに多くありません。たとえば、ライオンのエメロン植物物語の成分は、石けん素地、パルミチン酸、香料、ラウリン酸、エチドロン酸、水、EDTA-2Na、酸化チタンの8種類。価格は、95gが3個入りで198円にすぎません。玉の肌石鹸の白いせっけんは、石けん素地だけの1種類で、108gが3個入りで420円です。

アンクソープの場合、保湿剤だけでなんと8種類。このうち、グリセリンと黒砂糖は石けんを透明にします。透明だと高級そうに見えますからね。さらに、酸化鉄やグンジョウで着色して、より高級感を演出しています。

しかし、ふつうの石けんと比べると、汚れを落とす能力が高いとはいえません。汚れは界面活性剤の石けん素地で落としますが、保湿剤を入れれば入れるほど、その能力が低くなってしまうからです。

また、さまざまな成分が肌に残ります。汚れをわざわざつけているともいえるでしょう。

そして、EDTA-4Na（金属イオン封鎖剤）は、PRTR法で水生生物に対して強い毒性があるため有害物質に指定されたものです。これは、油性原料を酸化させ、異臭や変色などの原因となる金属イオンの働きを弱めるために配合されています。

価格と販売方法も問題

ヴァーナルは、価格が高い理由をこう説明しています。

「原料のハーブエキスは最高級です。その成分を壊さないために、練り、型押し、型抜きの作業に熱を加えず、自然乾燥で時間をかけ、手作業で裏表を引っくり返し、1カ月をかけています」

そこで、これが本当なのか、石けん製造メーカー

に取材すると、驚くべき返事が返ってきました。

「ヴァーナルのような透明の石けんは、白いものに比べて、たしかに手間も時間もかかります。ただ、熱を加えない方法は、決して特別ではありません。また、自然乾燥といっても、扇風機を回すなどの方法もあります。それに、成分を見ればわかりますが、どれも一般的な物質で、価格は安いものばかり。まあ、原料代は２００円もしないでしょう。あとは、広告・宣伝代や容器代ではないでしょうか」

また、販売方法も問題です。わたしは使い心地を調べるために買おうと思って申し込んでみました。するとこう言われたのです。

「新規でのお取扱いは、スキンケアセット９２４０円(税込)のご使用をお願いしています」

アンクソープだけでは売ってもらえないのです。そんなメーカーのものは、買いたくありません。

わたしがおすすめできる洗顔石けんは、汚れがよく落ちる、ふつうの石けん。わたし自身が使っているのは、保湿剤がまったく入っていない、石けん素地だけの石けんです。そして、保湿をしたければ、石けん洗顔後に、まず十分にすすぎましょう。それから化粧水やクリームをつければいいのです。

石けん素地、タルク、グリセリン、水、PEG-75、アロエベラエキス-1、カミツレエキス、ドクダミエキス、黒砂糖、スクワラン、ホホバ油、トコフェロール、含硫ケイ酸Al、甘草、BG、エタノール、塩化Na、EDTA-4Na、エチドロン酸4Na、香料、酸化鉄、グンジョウ

無鉱物油などを強調し、植物エキスを多用

シナリーの化粧品

勘違いさせる宣伝内容が書かれている

知合いにすすめられてシナリーの化粧品に替えたという女性から、パンフレットと、洗顔石けん、化粧水、オイル、クリーム、ファンデーション、口紅などの外箱が送られてきました。それらを見ると、「無鉱物油、無石油系界面活性剤、無香料」を強調した化粧品のようです。しかし、こうした強調には疑問があります。

鉱物油は、たとえば石油が原料のひとつであるワセリンのように、重症のアトピー患者の治療にも使われる、性質の安定したものです。無鉱物油がよいことのように消費者に勘違いさせる宣伝は、感心できません。

また「無石油系界面活性剤」と宣伝しながら、たとえばヤシ油脂肪酸アルギニン（シャンプー）、ステアロイル乳酸ナトリウム（フェイス・ボディ用乳液）、ステアリン酸ソルビタン（エモリエントクリーム）など、多くの種類の界面活性剤を使っているのは、いったいどういうつもりなのでしょうか。だいたい、椿油やヤシ油からつくっても、石油からつくっても、合成界面活性剤に変わりはありません。いい加減なことを宣伝する、詐欺まがいの商法といわざるをえないでしょう。

植物エキスだから安心とはいえない

また、植物エキスを多用しているのも特徴です。たとえば、保湿クリームのシノワーズC^{3}（40g、5000円）にはオウゴンエキスやボタンエキスが、口紅にはアンズ類の種子であるキョウニンエキスやモモの種子を干したトウニンエキスが含まれています。そして、ホームページでは次のように宣伝していました。

「オウゴンエキス：光加齢防止、UV防御、抗酸化作用、ボタンエキス：抗炎症作用」

しかし、これらのエキスは、化学物質のエタノールや1,3-ブチレングリコールで抽出したものです。このように、植物エキスといっても、化学物質

が使われていないわけでは決してありません。しかも、植物を使っているために変質しやすいので、一般に防腐剤や酸化防止剤が加えられています。また、体質によってはアレルギーを起こす場合もあります。

そして、配合量が表示されていないのに、植物の効能をうたう商法自体が疑問です。厚生労働省が植物エキスに認めている効能は保湿だけ。化粧品に漢方薬のような効能はありません。

発ガン性があるタール色素も使われている

口紅・アイシャドー・チークカラーには、発ガン性があるタール色素が使われています。とりわけ目のまわりは敏感ですし、ほおはシミになりやすい部分です。とくに、この3つは使うべきではありません。そもそも、目のまわりやほおのお化粧は、すでに書いたとおり、毎日しないほうが賢明です。

また、環境ホルモン作用が疑われているパラベンは、ほとんどすべてに使われていました。このパラベンに代わる安全な保存料がないことが、つらいところです。パラベンについては、わたしはかならず避けるべきかどうか、まだ判断できていません。

わたし自身は、保存性を考えて、パラベン入りの化粧品を使っています。ただし、これから子どもを産む可能性がある娘たちには使わせたくありません。パラベンの入っていない化粧品を買うようにすすめています。

シナリー M〈普通肌用化粧水〉(右)とシナリー C〈エモリエントクリーム〉(左)

資生堂など

いいことだらけの宣伝文句

化粧品メーカー大手の資生堂とカネボウが相次いで発売した「楽してやせる」化粧品。資生堂は美容液イニシオ ボディークリエイター（200㎖、4500円）。グレープフルーツやコショウの香りとカフェインを配合しています。一方のカネボウは、ラズベリーの香りを配合したヴィタロッソ。こちらは肌に貼るシートや錠剤などです。まずは、両社のキャッチコピー（要旨）と「効果」を見ましょう。

〈資生堂〉

「グレープフルーツやコショウの香りが交感神経を活性化させ、体内の中性脂肪を分解・燃焼するタンパク質の生成を促します。この香りを中性脂肪の分解を促進するカフェインと組み合わせると、脂肪の減少に相乗効果が表れます」

「20代・30代の太り気味の女性20人に、朝晩2回、1カ月間、乳液状のローションを気になる部分に塗ってマッサージしてもらったところ、平均ウエスト1・5㎝減、ヒップ1・3㎝減、体重1・1㎏減」

この製品は、水と、シリコン系のポリマーのシクロメチコンやジメチコンに、合成界面活性剤と保湿剤を入れた美溶液です。ヒヤッとさせて肌を収縮させるメントールやカフェインなどの成分が使われています。これらは、以前から運動後のほてった肌を「引き締める」ために使われてきました。「香り」を加えただけで、それを「やせる」化粧品にしてしまう手口には、驚かされます。

〈カネボウ〉

「ラズベリーの香り成分に脂肪分解酵素の働きを高める効果があり、唐辛子の辛味成分カプサイシンの3倍の脂肪分解効果があります。1日に12錠投与する試験を男女34人に実施したところ、1週間で約7割が平均1㎏体重が減りました。シートを貼った試験でも、1カ月間で皮下脂肪が1～2㎝薄くなりました」

こんな売り方は信用できない

さて、わたしが訪れた資生堂の化粧品を並べていた店では、「20人の女性が1カ月に……」というデータに加えて、使用前・使用後のシルエット写真と、表やグラフが掲示されていました。それによると、70％の女性のウエストが1～3cm減り、50％の女性の体重が1～3kg減り、65％の女性のヒップが1～3cm減ったという驚異的な数字なのです。これが本当なら、すごいではありませんか。

それで、「娘に買っていきたいので、コピーさせてください」と頼んだら「ダメです」。「じゃあ、書き写させてください」と言っても、「ダメです」。

効果をうたってはいけない化粧品で、これだけのCMですよ！　犯罪まがいの行為に対して、証拠を残さない措置なのでしょうか。確信犯ですね。

資生堂ではかつて、ロスタロットという化粧品を「小顔になる」と宣伝し、やはり使用前・使用後の顔写真を掲げて売っていました。その有効成分もメントールとカフェインで、ほかの成分もよく似ています。

優秀なスタッフ、豊富な研究データ、良質な原料と、大手メーカーのなかではもっとも信頼する資生堂がこんなざまでは、泣くに泣けません。

それにしても、ダイエットには、100％カロリーだけのような油と砂糖を減らし、穀物と野菜をたっぷり食べるのが、絶対おすすめ。「化粧品にも効果がある」と信じて疑わないノーテンキな消費者も悪いのです。

カネボウのヴィタロッソ〈錠剤〉(右)と
資生堂のボディークリエイター(左)

「効果」を強調する化粧品、高い化粧品

化粧品に「美白」やシミを消す効果はない

相変わらず「美白」や「ホワイト」を強調する化粧品があふれています。たとえば、外箱や容器に「一日中続く美白効果　くすみ／シミ・ソバカス対策」（ポーラデイリーコスメのホワイト ローション）、「薬用 白くみずみずしい肌へ」（サナの純白化粧水）などと大きく表示。シミやシワを消すことができるような、宣伝をしています。そのため、化粧品をたくさん使えば、シミやシワが消えたり、肌が白くなると信じている女性も多いようです。

しかし、化粧品にそうした効果はありません。薬事法で許されているのも、「日焼けによるシミやシワを目立たなくする」とか「メイクでシミやシワを隠す」という表現。できたシミやシワを「消す」わけではないのです。それなのに、どうして美白化粧品がこんなにもてはやされるのでしょうか？

化粧品と医薬品は違います。医薬品は効果がある反面、副作用もあります。しかし、長いあいだ使い続けることが前提の化粧品の場合は、副作用がないことが大切なのです。だから、十分な量の薬剤を配合できません。したがって、効果はないし、効果をうたえません。

効果をうたえば、薬事法違反になります。事実、「体脂肪燃焼、血行促進、疲労回復」と書いたオレフ製薬の浴用化粧品イオンビューティー、「消炎効果」をうたった資生堂薬品（メディカル）の化粧水ピンプリットEX オイルコントロールウォーター、「薬用」と記載したサナの純白化粧水などが、回収を命じられました。

できるだけ、美白やホワイトなどと強調していない商品を選びましょう。

高いから質がよいわけではない

化粧品業界は、他の製造業とは大きく異なっています。たとえば、①装置が小規模でも製造でき、巨額の投資がいらない、②基本的には混ぜるだけ、③原料が安い（たとえば化粧水なら、7～8割は水）など。当然、利益が大きく、一般製造業の粗利益率が約20

%なのに対して、化粧品は50～70%といわれています。だから、広告宣伝費に多く使えるのです。

高額の化粧品をメーカーが説明する場合、「原料が高品質である」ことをあげ、消費者もそれを期待します。しかし、ほとんどの化粧品メーカーで厚生労働省が定めた「化粧品原料基準」を満たした、医薬品に準じるレベルの原料が使われています。したがって、５００円の化粧品も1万円の化粧品も、原料にほとんど変わりはないのです。ところが、メーカーや商品によって価格に大きな差があります。原料の原価より容器代のほうが高い商品さえあるほどです。そして、高価な化粧品が肌によいとは限りません。

なかには、原料に価格差がある場合も見られます。たとえばエタノールの場合、発酵法でつくると、合成法のものと比べて3～5倍は高価です。それは、不純物が多いために精製するのに手間と時間がかかるためです。ただし、製造現場の技術者や化粧品メーカーに原料を供給する企業の担当者は話しています。

「3～5倍の価格差が、商品の質のよさとなって消費者の利益になるかどうかは、疑問ですね」

つまり、発酵法の製品だからよくて、合成法の製品だから悪い、ということにはならないのです。高いからよい化粧品とはいえません。

こう考えると、化粧品の適正価格が存在すると思うのです。わたしは、上限３０００～５０００円と考えています。

一方、流行の１００円化粧品はどうでしょうか。これは、ほとんどが海外で製造されています。日本の「化粧品原料基準」を満たした原料が使われていると信じられる人には「安くてお得」でしょうが、信じられない人には「安くても危険」となるでしょう。薬事法の改正で、この基準を満たした原料を使うかどうかはメーカーの自己責任になりました。

わたし自身は、１００円化粧品はおもちゃと考えたほうがよいのではないかと思っています。あくまで個人的な見解ですが、参考にしてください。

ランコム、エリザベスアーデンなど

海外旅行の楽しみのひとつは買い物です。いまや、国内のデパートやインターネットで、ほとんどの海外ブランドが手に入る時代。それでも、さまざまな商品を手に取って選べて、しかもかなり安く買えるのは、やっぱり魅力的です。口紅は2000円以下、ファンデーションだって3000円以下、免税というだけでもお買い得だと思います。おみやげにもらうケースも多いでしょう。しかし、外国製化粧品には思わぬ落とし穴がありますから、要注意です。

●ホルムアルデヒドは発ガン物質

もっとも気になるのは、刺激臭のある無色の気体ホルムアルデヒド（その水溶液がホルマリン）です。かつては衣料品の処理剤などに使われていましたが、代表的なアレルゲンであり、被害が各地で発生。日本では、化粧品への使用は62年（昭和37年）に禁止されました（ただし、ホルムアルデヒドを発生させる殺菌剤のイミダゾリジニルウレアとＤＭＤＭヒダントインは、シャンプーやリンスなど洗い流す製品にのみ０・２％以下の配合が認められている）。

アメリカ化粧品工業会は、ホルムアルデヒドの毒性をこう評価しています。

① 刺激などの有害性は濃度と関係する。

② ラットでは発ガン性が確認されており、労働衛生研究所では人間に対しても発ガン物質とみなして扱うよう勧告している。

③ 大気中で浴びると、呼吸器や眼に刺激を与える。

④ 催奇形性については未確認。

これを素直に読めば、危険な物質だと思うでしょう。ところが、アメリカ化粧品工業会は「スプレー型の化粧品を除いて、最小有効濃度での使用を確実に守れば、大多数の人にとっては安全」と結論づけました。危険ではあるけれど、保存性を高めるのに役立つので禁止しないというわけでしょう。

しかし、国際ガン研究機関は「人間に対して発ガン性の高い物質」に分類し、日本産業衛生学会も「人間に対して明らかに感作性がある（アレルギーを起こす)と考えられる」としています。皮膚への毒性については、刺激に加えて、硬化させる、ひび割れや潰瘍ができやすくなるなどが報告されてきました。事実、アメリカで化粧品による接触皮膚炎をもっとも多く起こす原因物質は、ホルムアルデヒドと香料です。こうしたデータから考えると、優先して避けるべきです。

ホルムアルデヒドが発生する殺菌剤

では、海外の有名ブランドを買うとき、ホルムアルデヒドを避けるにはどうしたらよいでしょうか。まず知ってほしいのは、ホルムアルデヒドそのものが化粧品に入っているわけではないということ。チェックしなければならないのは、ホルムアルデヒドを発生させる殺菌剤です(もちろん海外で買う以上、成分の表記は英語)。

よく使われているのはImidazolidinyl Urea(イミダゾリジニルウレア)。海外の有名ブランド化粧品にはかなりポピュラーに使われています。たとえば、次のような化粧品です。

ランコムとヘレナ ルビンスタインのマスカラ。

エリザベス アーデンの化粧水。

クリニーク ラボラトリーズの石けん。

VIENNA BEAUTYのアロエベラ保湿クリーム。

オペルクラフツ社(イギリス)のハンド&ネイルクリーム。

パイヨ社(フランス)のマスクデザイン(クリームパ

ランコムのマスカラとエリザベス アーデンの化粧水

ック)。

ラコーテ社(イタリア)のグリコマスク(洗浄パック)。

ノワ・ダーム社(アメリカ)のエソシン・アイ・クリーム。

英語をよく見て、避けてください。なお、日本で買えば、同じブランドでも入っていません。

このほかにも、ホルムアルデヒドを発生させる殺菌剤が2つあります。注意しましょう。

①　5-BROMO-5-NITRO-1、3-DIOXANE(5-ブロモ-5-ニトロ-1、3-ジオキサン)

②　DIMETHYLOLEDIMETHYLHYDANTOIN(ジメチロールジメチルヒダントインまたはDMDMヒダントイン)

①はドイツ製ボディーシャンプーのカミレン60-フスバッドなどに、②はアメリカのFPO社のピナクルデューローションやカナダのリズワティエ社のアイシャドウ・ソロ(ステラ)などに、それぞれ含まれています。

欧米は香水が中心で、毎日は使わない

それにしても、なぜ危険なホルムアルデヒドが発生する殺菌剤を欧米では許可しているのか、不審に思われるでしょう。ここで考えなければならないのは、欧米と日本とでは、化粧品の使い方に違いがあることです。

日本ではスキンケア化粧品やメイク化粧品に多くのお金を使っていますが、欧米では化粧品といえば第一に香水(フレグランス)なのです。日本の化粧品出荷額を見ると、スキンケア60％、メイク38％で、フレグランスは1・5％にすぎません(00年)。一方EU6カ国ではフレグランスの占める割合が58％。スキンケアは26％、メイクアップは16％です(97年)。つまり、香水は毎日のように使うけれど、美容液やマスカラなどは日常的に使う化粧品ではありません。だから、保存性を優先させようという業界と消費者の合意があるのでしょう。

しかし、日本では、多くの女性がスキンケア化粧品やメイク化粧品を毎日のように使います。そうした化粧品には、ホルムアルデヒドを発生させる化学物質が入っていないほうがよいに決まっています。

＊東京都生活文化局消費生活部編『化粧品の安全性等に関する調査』99年。

フタル酸エステル類が含まれている化粧品

海外の有名ブランド

●環境ホルモン作用などの問題がある物質

「POISONED　COSMETICS」(毒入り化粧品)という強烈な見出しで紹介された欧米の化粧品リストをインターネットで見て、驚かされました。「まさか」と思いたい一方で、「やっぱりね」という心境でもあります。ここでいわれている「毒」は、フタル酸エステル類(PHTHALATES)です。

　フタル酸エステル類は、香りを持続させるための保香剤、物質同士を溶かす溶剤、柔軟性・耐久性を与えるための可塑剤として、多くの化粧品に使われています。そのいずれにおいても非常に優れた性質があるため、化粧品とは切っても切れない仲になってきました。

　しかし、環境ホルモン作用が疑われると環境庁(当時)が指摘した67の化学物質のうちの9つが、フタル酸エステル類です(表7参照)。しかも、00年7月に「人体への影響が相対的に出やすいので……優先的に有害性を評価する」とされた7つのうち、2つを占めています。加えて、つぎのような危険性が明らかになっている、有害性が高い化学物質です。

①　動物実験によると、深刻な先天的障害を引き起こすほか、男性の生殖機能の発達に関するほとんどすべての身体機能に異常をもたらす可能性がある。

②　皮膚、目、粘膜を刺激し、中枢神経系の機能低下や胃腸障害を起こす。

③　フタル酸ジエチルヘキシル(DEHP)は「人に対しておそらく発ガン性がある」、フタル酸ジブチル(DBP)は「人に対して発ガン性の疑

表7　環境ホルモン作用が疑われると環境庁が指摘した9つのフタル酸エステル類

フタル酸エステル類全般
フタル酸ブチルベンジル(BBP)
フタル酸ジブチル(DBP)
フタル酸ジシクロヘキシル(DCHP)
フタル酸ジエチルヘキシル(DEHP)
フタル酸ジエチル(DEP)
フタル酸ジヘキシル(DHP)
フタル酸ジ-n-ペンチル(DPP)
フタル酸ジプロピル(DprP)

いがある」と、国際ガン研究機関と日本産業衛生学会が、それぞれみなしている。

有名ブランドの約80%から検出

化粧品に含まれているフタル酸エステル類の調査を行ったのは、アメリカの非営利組織(NPO)・環境ワーキンググループなど。アメリカ、イギリス、スウェーデンで実施され、「有名ブランド34社の化粧品のうち、約80%から検出された」と報告されています。マニキュア、香水、ヘアスプレー(整髪剤)などさまざまな種類に使われていました。

アメリカでは計70品目にものぼっています。結果は以下のとおりです。

クリスチャン・ディオールやランコムなどの香水17品目。

エイボン・プロダクツやカバーガールなどのマニキュア16品目。

パンテーン、VO5、ヴィダルサスーンなどのヘアースプレー16品目。

バン、シークレット シーアドライなどのデオドラント(防臭剤)9品目。

パンテーンやクレイロールなどのヘアージェル6品目。

ニベアとエレガンスのハンド・ボディーローション2品目。

また、ヨーロッパでの調査では、デオドラント10品目、ヘアースプレーとヘアームース6品目、香水5品目、ヘアージェル1品目の、計28品目でした。

なかでも、シークレット シーアドライのような防臭剤やニベアのボディーローションは、乳幼児も使うし、広い部分に塗るので、危険性が非常に高くなります。

日本製だから安心とは言えない

また、欧米の製品だから日本では大丈夫と思っていたら大間違いです。たとえば、わたしが日本のスーパーや専門店で購入したメイベリンのエクスプレス フィニッシュというマニキュアはフランスでつくられたものでしたし、ヴィダルサスーンのカラーケアスプレーはイギリス製でした。

フタル酸エステル類は日本でも、マニキュアのほか、乳液、クリームなどに含まれていると考えたほうがよさそうです。さらに、原料である香料の保香剤として使われていれば、表示はされません。日本

の化粧品なら安全・安心とはいえないのです。

異なる欧米メーカーの対応

アメリカのいくつかのNPOは、食品医薬品局(FDA)に対して、多くの女性が使っている香水、マニキュア、ヘアースプレーやベビー用防臭剤などに含まれている有害物質がはっきりわかるための警告ラベルを添付するように、請願書を提出。また、ワシントン・ポストやニューヨーク・タイムズに、フタル酸エステル類を含む化粧品を掲載した意見広告を出しました。ガン予防連合というグループのエプスタイン博士は、こう述べています。

「多くの化粧品は事実上、一生使い続け、しかも皮膚の広い部分に使用します。だから、皮膚から吸収されやすい成分の危険性は高い。フタル酸エステル類には国民の約12%が過敏症状を示すというデータがあり、警告ラベルをつける意義があります」

これに対して、化粧品業界からの基金で設立された、CIRという化粧品原料を評価する組織は、「化粧品中に含まれているフタル酸エステル類は、現在の使用方法と使用濃度の範囲においては安全である」として、継続的な使用を容認しました。

しかし、ヨーロッパの委員会は、安全性に関してもっとも議論があったフタル酸ジエチルヘキシルとフタル酸ジブチルの化粧品や身の回りの製品への使用を禁じることを決めました。なお、ヨーロッパでは以前から、この2種類のフタル酸をおしゃぶりなど乳幼児が口にするおもちゃに使用することを禁止しています。日本でも、子どものおもちゃや食品を扱う手袋には使用が認められていません。

こうした結果を受けた化粧品メーカーの対応は分かれています。イギリスのザ・ボディショップ・インターナショナルは、この点に関しては先進的です。

「ある種のフタル酸エステル類はホルモンを撹乱する恐れがあるという懸念が高まっている。これらの物質がいろいろな製品に存在すれば、人間が浴びる可能性は多くなる。危険な物質はあらかじめ避けるという予防原則を採用し、すべての新たな製品にはフタル酸エステル類を使用しない。含んでいる製品については、可能なかぎり回収する」

日本のメーカーもこうであってほしいと、思わずにはいられません。

〈参考ホームページ〉www. nottoopretty.org / images / NotTooPretty_final.pdf

クリスチャン・ディオールやクラランスなど

●クラランスの TEINT NATUREL ULTRA-SATIN

クリーム状のファンデーションです。買った時点で、油層と水層が分離していました。香りが強いのも難点です。

保存料は、パラベンとフェノキシエタノールに加えて、界面活性剤のラウリル硫酸と、トリエタノールアミン（TEA）が入っています。シャンプーなどにもよく使われているTEAは、皮膚から吸収され、皮膚や粘膜、眼への刺激が強い物質です。肝臓や腎臓に障害を起こし、動物実験で発ガン性が報告されています。

このファンデーションは、使いたくありません。

●クリスチャン・ディオールの PHENOMEN-A と CAPTURE ESSENTIEL YEUX

PHENOMEN-Aはダブルレチノール、つまりシワに効くというふれこみのレチノール（70ページ参照）が2種類入っている美容液、CAPTURE ESSENTIEL YEUXは目元美容液です（66ページ参照）。

PHENOMEN-Aは51人の女性による評価試験で、「88％の女性が効果を得られ、90％が満足を得られている」と、箱に入っている説明書に書かれています。「本当かな？」と疑いながらも、「試してみよう」と買ってみました。

トロリとした粘り気のある液体で、まず香りがきつく、香水をつけている感じです。また、きっとかなり腐りやすいのでしょう。空気にふれないような密閉容器なのに、殺菌剤のクロロフェネシン、保存剤のフェノキシエタノール、数種類のパラベン、酸化防止剤のジブチルヒドロキシトルエン（BHT）が使われていました。

CAPTURE ESSENTIEL YEUXは、タール色素の青色1号やファンデーションの成分の酸化チタンが配合されています。夜も使うように指示されました

が、ファンデーションを塗って寝るのは、わたしはイヤです。それに、目にクマがあるときに使う化粧下地とするのならまだわかりますが、ファンデーションの色で目のまわりのくすみやクマが取れた気分になるなんて、ヘンだと思います。

どちらも、使い続けたくありません。

AM Cosmetics の Wet 'n' Wild と エスカーダの ROUGE A LEVRES LIPSTICK

口紅は、外国でおみやげに買ったり、もらったりすることが多いでしょう。みなさんは、どんな基準で選んでいますか？

私は、まず匂いをかぎます。残念ながら、この2つの口紅(AM Cosmetics はアメリカ、エスカーダはフランス)は強烈な悪臭で、食べるものすべてがまずくなるほどです。欧米では、口紅をつけたら、食事をせず、お茶も飲まないのでしょうか。口紅をつけた状態で食事したい人は、避けたほうが無難です。

最近は、売り場で試し塗りをさせてもらえます。選ぶときには色も大切ですが、必ず匂いを確かめましょう。

この2つの口紅には、タール色素が使われています。また、Wet 'n' Wild には環境ホルモン作用が疑われている紫外線吸収剤・安定剤のベンゾフェノン(Benzophenone－3)が、ROUGE A LEVRES LIPSTICK にはジブチルヒドロキシトルエンが使われています。

多種類の色がある口紅に使われているタール色素などのチェックポイント

口紅にはご存知のとおり、たくさんの色があります。最近は黒っぽい色や茶色など、これまでは考えられなかったような色まで登場してきました。口紅の場合、外国製品でも日本製品でも、こうした色を出すタール色素など着色剤(無機顔料を含む)の表示が他の原材料とは違うので、注意してください。

着色剤などは、表示欄の最後に、たとえばつぎのように示されています。

Red No.7 Calcium Lake, Yellow No.5 Aluminum-Lake.

そして、その前に「＋／－」や「MAY CONTAIN」と書かれています。これは、オレンジから茶色に至る、その口紅のシリーズすべてに含まれ

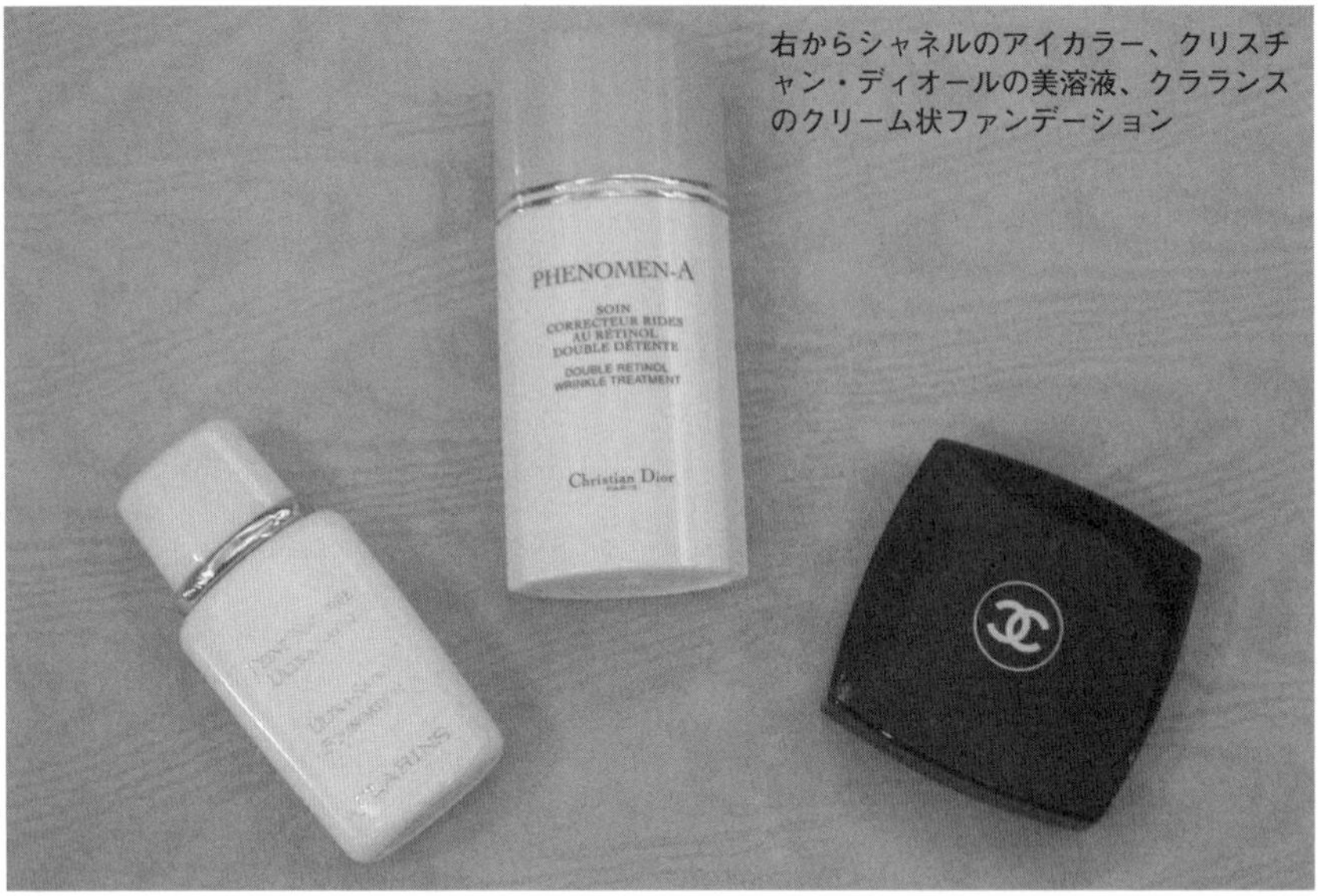

右からシャネルのアイカラー、クリスチャン・ディオールの美溶液、クラランスのクリーム状ファンデーション

ている着色剤の一覧なのです。したがって、そこに10種類が書かれていたとしても、その口紅にすべてが入っているわけではありません。実際に使われているのは、そのうち数種類です。

これは、ファンデーション、チーク、アイカラーなど多種類の色がある化粧品に共通しています。

シャネルのLES 4 OMBRES

アイカラーです。作家の林真理子さんが愛用していると女性誌に出ていたので、買ってみました。肌色、薄茶色、茶色、こげ茶色の4色です。ベンガラ、酸化クロム、酸化鉄などの顔料で色を出し、タール色素は使われていません。しかし、ジブチルヒドロキシトルエンが酸化防止剤として使われています。日常的には使わないほうがよいでしょう。

シャネルの口紅には、悪臭に思えるほどのどぎつい香りの製品がありますが、これは香りのほうは大丈夫でした。

CHAPTER 3 この化粧品・メーカーは避けたい

おとな向けニキビ用化粧品

アユーラ ラボラトリーズ、オルビスなど

アユーラのＡＤアクネ、オルビスのクリア、ファンケルのクリアチューンなど、おとな向けニキビ用化粧品という不思議なジャンルが、好調な売行きを示しています。かつてないほど、ニキビに悩むおとなが増えているからです。

　毛穴に脂肪が詰まって溜り、菌が繁殖して炎症を起こすのがニキビ。顔や背中など皮脂の分泌量が多いところに、よくできます。思春期には、ホルモンの関係で皮脂の分泌が増えるので、ニキビができるのは不思議ではありません。ところが、最近は、25歳を過ぎても治らない人が多く見られます。甘いものや脂っこいものの摂りすぎなど食事の偏り、飲酒やタバコ、夜ふかしやストレスなど生活スタイルの乱れに理由があるのでしょう。

　もちろん、化粧品やその使い方も問題です。油性の化粧品、たとえばサンスクリーン剤、美容液、乳液、リキッドファンデーションなどは、ニキビの原因となります。また、洗顔が大事とはいえ、スクラブ洗顔で表皮を傷つけたり、こすりすぎて炎症を悪化させることもあります。

薬剤名も分量も不明のニキビ用化粧品

ＡＤアクネ、クリア、クリアチューンは、いずれも「オイルフリー」（油分が含まれていない）をうたっています。そのほかメーカーが強調しているコンセプトは、次のとおりです。

　アユーラ＝無香料、無着色、弱酸性、アルコール無添加、界面活性剤無添加。

　オルビス＝無香料、無着色、界面活性剤不使用。

　ファンケル＝無添加、防腐剤・殺菌剤・石油系界面活性剤不使用、無香料、無鉱物油、弱酸性、製造年月日表示。

　ニキビ用化粧品は医薬部外品なので、すべての成分や薬剤を表示する義務がありません。当然、使用分量も明示されていません。表示されている成分は表8の薬剤だけです。そこで、化粧品についての専門書で確かめてみると、この3つには市販のニキビ治療薬と同じ成分の薬剤が含まれていました（グリ

表8　ニキビ用化粧品に配合されている薬剤の例(メーカーが公表しているもの)

メーカー名	商品名	薬剤
アユーラ ラボラトリーズ	AD アクネ	グリチルリチン酸
オルビス	クリア	グリチルリチン酸、アラントイン、イオウ
ファンケル	クリアチューン	イオウ、グリチルリチン酸塩、グリチルレチン酸誘導体、アラントイン

チルリチン酸、アラントイン、イオウ)。

薬剤には、表8のほかにホルモン剤、ビタミン剤(皮脂抑制剤)、サリチル酸(角質剥離・溶解剤)、レゾルシン(角質剥離剤・溶解剤)、塩化ベンザルコニウム(殺菌剤)、ハロカルバン(殺菌剤)などがあります。

医薬品の場合は、薬剤名、使用分量、使用上の注意や副作用、使用期限が表示されています。しかし、医薬部外品(薬用化粧品)は何がどれだけ入っているかわからないので、効果は期待できません。この化粧品でニキビのケアができるとは、考えないでください。

また、イオウ、サリチル酸、レゾルシンなどは皮膚への刺激が強く、アレルギーを起こすことが報告されています。肌の弱い人やアレルギーを起こしやすい人は、使わないほうがよいでしょう。

医薬部外品にだまされてはいけない

結局、こうした医薬部外品は、薬用成分をちょっと入れて、いかにも効きそうな感じに商品化しているのです。全成分を表示しなくてもすむので、メーカーにとってだけ好都合というわけ。だいたい、本当に効くのであれば、医薬品になるはずです。

「美白」「乾燥や肌あれをしっかり防ぐ」「ハリ・ツヤが生まれる」などをキャッチフレーズにしている化粧品は、ほとんどが医薬部外品です。ばかばかしいジャンルというしかありません。欧米には、医薬部外品という概念はありません。日本だけの超不思議なものなのです。効果を強調するなら、必要な量の薬剤を入れて、医薬品として販売してほしいと思いませんか。

洗顔と油分なしの化粧水が効果的

では、ニキビを治すにはどうしたらよいでしょうか。まずは、正しい洗顔です。ニキビの程度にもよりますが、ふつうの固形石けんで1日2回程度洗い、すすぎを十分に(少なくとも10回)します。そのあと、

油分の入っていない化粧水をつけます。こんなシンプルなケアがベストです。

ファンデーションはパウダータイプを使い、美容液、乳液、クリーム、サンスクリーン剤など油性の化粧品は、使わないほうがよいでしょう。どうしても乾燥が気になる人は、就寝前に、乾燥したところにだけオイルやクリームを補います。

ところで、アユーラもオルビスもファンケルも、一般の化粧品には当たり前のように配合されている油分を入れないことが、ニキビを防ぐ最大の秘訣と考えているようです。無香料や無着色も強調され、オルビスとファンケルは「界面活性剤不使用」です。界面活性剤は油分を水と混ぜるために必要になるのですから、考えてみればこれは当然です。ふつうの化粧品も、こうであってほしい！

緑黄色野菜をたくさん食べよう

食事や生活の見直しが大切なのは、いうまでもありません。ニキビを悪化させる食べ物は、油脂分が多い揚げ物、ハンバーグ、ラーメン、クッキー、ケーキなどと、糖分が多いチョコレートなどのお菓子類です。

一方ニキビを防ぐ食べ物は、精白していない穀物・雑穀、豆類、イモ類、緑黄色野菜など。とりわけ緑黄色野菜は、皮膚や粘膜を健康に保つ働きがあります。β-カロチンが体内でレチノールに変わり、ビタミンAと同じような働きをするからです。ニンジン、ピーマン、かぼちゃ、ホウレン草、小松菜、大根の葉などを意識的に食べるようにしましょう。

マックス ファクター、牛乳石鹸など

病原菌に抵抗力をつけ、皮膚を弱くする抗菌成分

抗菌・除菌の人気は、高まる一方です。デパートでは、抗菌下着や抗菌毛布も販売されています。その傾向は化粧品も同様です。

「皮脂や汚れ、角質をしっかり洗浄して、にきびを防ぐ」（資生堂の薬用ピンプリット洗顔フォーム）

「汗や体のニオイをおさえる」（牛乳石鹸のニュータイプ石鹸）

「さまざまな種類のバイ菌に、より幅広く効果を発揮します」（マックス ファクターの薬用せっけんミューズ）

こうした商品には殺菌剤が配合され、除菌、体や汗の臭いをとる防臭（デオドラント）、ニキビなど皮膚炎の防止といった効果をうたっています。配合されている薬剤は、殺菌剤のトリクロサンとトリクロカルバンです。

たとえば、薬用ピンプリット洗顔フォームは「アクネ菌をおさえ、毛穴や肌を殺菌しながら洗浄し、にきびを防ぎます」、ニュータイプ石鹸は「細菌の増殖を抑制して汗や体のニオイを防ぎます」と宣伝し、いずれもトリクロカルバンが配合されています。薬用せっけんミューズには両方が配合され、「2つの有効成分……家族をバイ菌から守る」と、殺菌効果をうたっています。

たしかにウジャウジャとバイ菌がうごめくのは、気持ちいいものではありません。しかし、抗菌・除菌の先進地アメリカでは、「抗菌成分は病原菌の抵抗力をつけるだけ」との調査報告が出されました。

調査を実施したのは、ボストンの医療センター。計10州で全国ブランドの約1100におよぶ石けんを調べたところ、45%に抗菌成分が入っていました（化学物質問題市民研究会の海外情報サイトより http://www.ne.jp/asahi/kagaku/pico/）。日本と同じく、中心はトリクロサンとトリクロカルバンです。そして、こう指摘しています。

「こうした抗菌成分は、人間の健康に有益なこと

はない。むしろ、病原菌に抵抗力をつけるだけだ。トリクロサンは通常のバクテリアを殺すことによって、抗生物質に耐性をもつバクテリアが生き残りやすい環境をつくり出している。しかも、抗菌石けんが感染症を防ぐという科学的なデータは存在しない。逆に、人体に有害で耐久力のあるバクテリアを生き残らせる結果になることを示す研究がある」

いま専門家のあいだでは、抗菌物質を乱用したために、どんな抗生物質も効かない菌が増えてしまう危険性が大きな問題になっています。殺菌剤入り化粧品は、それを助長する可能性が強くあるのです。

日本では、トリクロサンはすべての化粧品に対して0・1%まで、トリクロカルバンは粘膜に使用されない化粧品のうち洗い流すものに対しては無制限に、それ以外には0・3%までの使用が認められています。しかし、それぞれ、接触皮膚炎、アレルギー、慢性毒性の報告があります。

それらが含まれている化粧品を日常的に使っていると、病原菌に抵抗力をつけるだけではありません。皮膚の余分な脂肪を分解したり、皮膚を酸性にして細菌の侵入を防ぐ常在菌のはたらきを弱めることになります。その結果、アレルギーを起こす物質が皮膚から侵入しやすくなり、かぶれや炎症を起こし、乾燥肌にしてしまうのです。

皮膚の汚れは水やふつうの石けんで洗えば十分。体臭や脇の下などの気になる臭いは、食事を穀物と野菜中心にすれば、自然に改善されます。さっそく試してみてください。

赤ちゃん用や洗い流さない商品は早急な規制を

こうした殺菌剤が牛乳石鹸の牛乳ベビー石鹸などの赤ちゃん用石けんに使われていることは、きわめて問題です。アメリカでは抗生物質の使いすぎが指摘され、生後3カ月から3歳までに対する使用量が大幅に減っています。日本でも、早急な使用規制が必要です。

また、使用後に洗い流さない制汗・防臭剤、マンダムのギャツビー EXデオドラントスプレーや東邦のリヤノ デオドラントトミストBCに使われているのも、危険です。長時間にわたってアレルギーを起こす物質にさらされるうえに、スプレーする際には周囲へ影響を与えます。

殺菌剤入りの化粧品類は、買わない・使わないようにしたほうが賢明です。

環境ホルモン作用が疑われ、爪が弱くなる

マニキュア・除光液

当たり前になったマニキュア

真っ赤やピンク、オレンジなどに指の爪を染めている女性を、ひんぱんに見かけるようになりました。小・中学生でも珍しくありません。若い女性のなかには、花模様や星模様、キラキラ光るラメ入りなどのお洒落な爪をしている人もけっこういます。１本３００円程度で買える値段の安さもあって、マニキュアは売れ筋商品だそうです。花王が首都圏の女性６００人を対象に調査したところ、日常的に使っている人は95年の26％から98年には39％へ増加。18～24歳では約６割が使っていました。

ところが、わたしはマニキュアにとても弱いのです。大学生になってすぐに透明とピンクの２種類のマニキュアを買い、塗り始めたところ、２週間もしないで爪が割れ、薄くはがれ出しました。この経験ですっかり怖くなり、それ以来マニキュアとは無縁な人生を送っています。

それでも、たくさんの人たちが塗っているし、塗った爪が魅力的に見え、「塗ってみたい」という思いを長いあいだ捨て切れなかったのです。しかし、以下に紹介するデータを知ってから、考えが変わりました。もうマニキュアをしたいとは思いません。お米をといだり野菜を切ったりするのに真っ赤な爪はいらないと、頭を切り替えました。

先天的障害との関連が疑われる物質を検出

そのデータは88ページで紹介した環境ワーキンググループによって発表されたものです。環境ホルモン作用があると指摘され、赤ちゃんの先天的障害との関連も疑われているフタル酸ジブチル（ＤＢＰ）が、市販されているマニキュアと、その補強剤の約３分の１に入っていました。メイベリン、オイル・オブ・オレー、カバーガールなどの有名トップブランドを含めて、22社の37商品から検出されています（表９）。

表9　フタル酸ジブチルが検出されたマニキュアの例

メーカー名	商品名
オイル・オブ・オレー	ネイル・ラッカー
カバーガール	カバーガール・ネイルスティックス
クリスチャン・ディオール	ネイルエナメル
シャネル	ネイルカラー
ナーズ	ネイルポリッシュ
ボンボンズ	ボンボンズ（ネイルポリッシュ）
マックス ファクター	ダイアモンド・ハード・ネイルエナメル
メイベリン	エクスプレス・フィニッシュ・ファストドライ、アルチメイト・ウェア（ネイルエナメル）、サロンフィニッシュ・ネイルエナメル

（出典）http://www.nottoopretty.org/images/NotTooPretty_final.pdf

配合する目的は3つ。まずマニキュア液が乾燥したときに均一な膜にするため、つぎに液を混合したときに均一の濃度にするため、そして肌によく吸収させるためです。

しかし、塩化ビニールなどプラスチックの可塑剤の原料に使われているフタル酸ジブチルは、精巣の異常、睾丸の萎縮や欠損、精子数の減少などが報告されています（フタル酸エステル類の毒性については87ページ参照）。

妊娠を希望する女性は避けたほうがよい

さらに、アメリカの国家毒性計画の調査（00年）によれば、調査した独身女性すべての体内からも検出され、出産適齢期の女性がもっとも高い濃度でした。皮膚からの吸収に加えて、揮発したフタル酸エステル類を嗅ぐことによる肺への吸収によっても、体内に取り込まれます。この調査では、香水、日焼け止め剤、ローション、シャンプー、コンディショナー、発汗抑制剤、育毛剤などにも入っていました。

調査結果はアメリカで販売されている商品についてですが、クリスチャン・ディオール、シャネル、マックス ファクター、メイベリンのように、日本でも販売されているものがいくつもあります。当然、海外やインターネットで買う際には、フタル酸ジブチルが入ったマニキュアを避けなければなりません。調査結果をまとめた報告書も、結論をこう述べています。

「妊娠を希望する女性、妊娠中または授乳中の女性は、フタル酸ジブチルが入っている化粧品の使用は避けたほうがよい」

わたしも、まったく同感です。それでも、あなたはマニキュアをしますか？

爪が弱くなってしまう

マニキュアで美しく整え、手入れを欠かさないのに、爪の異常を訴える女性が増えています。爪の先端が割れる、薄くはがれる、黄ばむ、凹凸ができるなどです。

こうしたの爪の異常には、マニキュア液や、マニキュアを落とすための除光液（リムーバー）が関係しています。とくに、マニキュアを長い時間にわたって塗り続けていたり、ひんぱんに除光液を使って塗り替えていると、爪が弱くなり、異常が起きやすくなるといわれてきました。

爪が黄色に変色する原因は、マニキュア液に含まれているニトロセルロースが関係していることがわかっています。ニトロセルロースは、皮膜をつくる成分として、「代わるべきものはない」と言われ、マニキュアにかならず配合されている成分です。つまり、マニキュアを塗る以上、避けようがありません。

このニトロセルロースは火薬や爆薬に使われ、燃焼性があり、自然発火しやすい性質があります。だから、マニキュアを火のそばで使ったり、紫外線が強い窓際に置くのは、危険です。

また、除光液のおもな成分である揮発性の液体アセトンは、爪の脂肪や水分を取り除いてしまい、爪がもろくなる原因をつくります。

危険な成分が多く含まれている

マニキュアや除光液には、危険性が指摘されている成分がいくつも含まれています。

たとえば、ニトロセルロースを溶かすために35～42％配合されている液体の酢酸エチルや酢酸ブチルです。これらは気温が20度以上になると蒸発して気体になり（揮発性）、空気を汚染します。眼、鼻、のどなどの粘膜に刺激を与え、血膜炎、せき、めまい、頭痛、吐き気、のどの痛みなどの症状も起こします。中毒で知られるシンナーに含まれている成分であることを考えれば、当然かもしれません。

アルコールを飲んでいると、こうした体への有害な作用はより強くなります。お酒を飲んだあとの夜遅くに、マニキュアを塗ったりしていませんか？

また、皮膚の脂分を取る作用が強く、アレルギー性皮膚炎を起こす場合があります。

一方アセトンも、以下のような危険性が指摘されてきました。

① 揮発した空気を吸うと、頭痛、疲労、アレルギーなどを起こしやすい。
② 長い時間あるいは繰り返し触れていると、皮膚炎を起こす場合がある。
③ 目、鼻、のどの粘膜から吸収されると、中枢神経、肝臓、腎臓、消化器官に影響を与える場合がある。

そして、どれも引火性が強いのが特徴です。酢酸エチルと酢酸ブチルは消防法で危険物に指定され、密閉した容器に入れて、冷たい場所で保存するように定められています。アセトンはプラスチックさえ溶かす強い作用があります。だから、除光液が入っている容器にはガラス瓶が使われているのです。

したがって、風通しが悪い高温の部屋や冬に、ストーブの近くでマニキュアを塗ったり除光液で落としたりするのは、危険です。赤ちゃんや小さいお子さんが近くにいるときも、避けたほうがよいでしょう。

●爪を守るためのマニキュアの使い方

爪は骨のように頑丈なイメージがありますが、骨とは違ってカルシウム分は少なく、割れたり傷んだりしやすいものです。マニキュアを塗ると、爪の根元を保護している甘皮という部分を取り除いてしまうことが多くなります。そのために、細菌や洗剤などの刺激物が入りやすくなり、炎症を起こす原因をつくるのです。

では、爪をどのように守ったらよいのでしょうか。まず、甘皮を取り除かないようにし、爪の両端をやや長めに切ることです。もちろん、マニキュアはしないほうがいいに決まっています。

とはいえ、マニキュアをしたい女性が大半なのも現実です。そこで、爪を弱くしないための方法を書いておきましょう。

① 長時間、塗りっぱなしにしない。
② 爪の周囲の皮膚にできるだけ付かないように塗る。
③ 除光液の使用回数を減らす。
④ 異常が起きたときには塗らない。
⑤ ときどき保湿クリームを塗る。

＊東禹彦「爪疾患」『日本皮膚科学会雑誌』110巻12号、00年。

エステサロン

おもに美顔、脱毛、痩身の3種類

「そげ落ちたみたいに顔のラインがくっきり。たった1回で顔がやせた」

「ムクミ顔も二重アゴも、1回でスッキリ」

「きめ細かく、つるつる、プルップルのもち肌に」

「レーザー脱毛で毛根つぶし！」

エステの「効果」をうたう広告は、あとからあとから続いています。

エステは正式にはエステティックといい、心身両面から美容を考えた、カウンセリングを含むテクニックです。全国にエステサロンは約1万4300店あり、市場規模は約3800億円（00年度）にもなるとか。言葉たくみに宣伝するような「効果」が、本当にあるのでしょうか？　皮膚のトラブルは起きていないのでしょうか？


エステサロンではどんなサービスを受けられるのか、さっそく取材してみました。おもなサービスは、美顔（フェイシャルエステ）、脱毛、痩身（ボディーエステ）の3種類です。

いろいろな器具や化学薬品を使用

たとえば45分間のフェイシャルエステのプランはというと……。

① クレンジングクリームを使ってクレンジングし、汚れを落とす。
② 洗顔剤で洗う。
③ イオンスチーマーを使って、蒸気をかける。
④ 毛穴吸引スポットクリアを使って、毛穴を吸引する。
⑤ 超音波のソニックシェイプを使って、オイルマッサージ。
⑥ パック。

これを全身で行えば、ボディーエステになります。マッサージやパックに美白化粧品を使えば美白エステ、海水や海泥、海藻を入れた浴槽に入り、それらを顔や体に塗ってパックすると、タラソテラピーです。

たしかに、家庭で自分で行うお肌のケアとは一味違う、いろいろな仕掛けがありますね。たとえば、イオンスチーマーはマイナスイオンとスチームを顔全体にあてる器具。これを顔にあてた後で洗顔し、洗顔後の保湿にも使われます。吸盤がついている毛穴吸引スポットクリアは、小鼻などの汚れを取る器具。ソニックシェイプは、クリームやジェルを塗った顔や体をマッサージするのに使います。

また、肌の角質を酸で溶かし、シミやニキビを取るのが、ケミカルピーリングです。これは、権威ある『ステッドマン医学大辞典』によると、「顔面皮膚剥皮術」と説明されています。つまり、化学薬品で皮膚を剥ぎ取る方法なのです。使う薬品は、グリコール酸やトリクロロ酢酸など。酸の種類、濃度、塗る時間によって、皮膚への浸透度が異なります。あるエステでは、こう説明していました。

「フルーツ酸を使います。フルーツ酸はＡＨＡと呼ばれ、ピーリング剤のなかでも作用が穏やかで、非常に肌に優しいものです」

ＡＨＡはアルファヒドロキシ酸のことで、グリコール酸や乳酸などが含まれます。トリクロロ酢酸に比べると比較的表面の角質層に作用しますが、濃度が濃い場合はそれなりの危険があることを認識しておかなければなりません。

ところが、日本にはピーリング剤の使用基準がありません。どんな濃度で、どのくらいの時間、皮膚に塗るのか、決まりがないのです。また、深いシワや濃いシミを取るには当然、皮膚の奥までピーリング剤を浸透させなければ、効果はありません。そうすると、皮膚への刺激や障害も強くなるため、苦情が多く寄せられています（１０５ページ参照）。

● せいぜいリフレッシュ効果では？

エステ業界では、こうしたサービスで「お肌をグッと引き上げて、シワやたるみのない白い素肌」になり、「肌再生マシンの力でホワイトニングとアンチエイジングが同時にできて、素早くお肌が若返る」と、堂々と宣伝しています。

これを読めば、「最近肌が乾燥し、ポロポロ皮がむけたような感じ。フェイシャルエステに行けば少しはよくなるかな」「顔がむくんでいるのかな。エステを受ければ、すっきりするかも」などフラフラとその気になるのも、無理はないかもしれません。

でも、冷静になって考えてください。１回のエステで顔がやせたり、二重アゴがスッキリしたり、きめ細かい肌になるなど、ありえないことがわかるはずです。ところが、こうした常識が通用しないのがエステの魔法。「少しはましになるかも」と期待してしまうのでしょう。

では、本当に効果があるのでしょうか？　『たしかな目』(01年9月号、No182)によると、東京都内の女性会社員を対象にした調査では、半数以上がエステを受けたことがありました。そのうち「少しは効果があった」と答えた人は、ほぼ半数。4分の1が「効果がなかった」と答えています。

実際には、洗顔剤で洗ったり、スチームをあてたり、超音波でマッサージする程度で、「たるみやくすみを取る」「ニキビや乾燥肌に効く」「肌をホワイトニングする」効果は、期待できません。せいぜい「毛穴の汚れを取る」「リラックスできるので疲れがとれる」「心と体がリフレッシュする」程度ではないでしょうか。

それだけなら、まだよいと思います。肌が弱い女性だったら、真っ赤な肌が2～3日続くことだって、十分に考えられるのです。

長期間かかり、費用の差が大きい脱毛

脱毛エステには、電気針を使う方法やレーザーを照射する方法があります。一般的な脇の下、腕、脚だけでなく、手の甲、指、お腹、お尻など全身くまなく毛を取ってしまうのですから、すごいですね。

よく、「永久脱毛」「ずーっと生えない脱毛」などと宣伝されています。しかし、すぐに効果が現れるわけではないのです。通常は6カ月から3年もかかり、少なくとも数回は通わなければなりません。長くかかるのは、毛髪にはヘアサイクルがあり、「成長する→抜ける→新しく生える」を繰り返しているため。脱毛しても、2～3カ月すると、また生えてくるのです。

そうなると、費用が気になります。複数のエステサロンに、脇の下の脱毛料金を尋ねてみました。

「2万4000円です。生えなくなるまで、追加料金は一切ありません」（ジェイエステティック）

「うちは7万9000円ちょうだいしています」（JDC日本脱毛センター）

「毛質・毛量に関係なく料金は一定で、18万5000円です。毛の生え変わるサイクルに合わせ

て、2年の期間中なら何度でも通えます」（エスティックサロンソシエ）

　ずいぶん差が大きいことがわかるでしょう。こうした各店による価格の違いも、肌への影響が出やすいことやサービスの差が見えにくいことに加えて、エステに関連するトラブルを多くしている理由だと思われます。

●たくさんの皮膚障害などが起きている

　全国の消費生活センターから集められたエステによる危害の訴えは、94年度から02年度で4614件もあります(http://datafile.kokusen.go.jp/)。最近3年間は、00年度583件、01年度567件、02年度723件。年齢別に見ると、20代46％、30代26％、40代9％(02年度)と、若い女性の被害が多いのが特徴です。10代もありました。先に紹介した国民生活センターの調査では、エステ体験者の約1割が「危害を受けたことがある」と回答しています。

　サービスの種類別では、フェイシャルエステが41％ともっとも多く、脱毛33％、ボディーエステ18％の順です。危害の内容は、皮膚障害が圧倒的に多く61％、次いでやけどが22％。そのほかは、すり傷・打撲、切り傷、筋や腱の損傷、消化器の障害、骨折などです。とくにフェイシャルエステで皮膚障害が多く、脱毛では他に比べるとやけどが高い割合を占めていました。

　被害の具体的な内容は、どんなものでしょうか。皮膚障害の報告が多いのは、ケミカルピーリング。「シミが濃くなった」「シミができた」「顔がやけど状態」「やけどの傷ができた」「日焼け後のような黒ずみが残った」「赤くはれた」「肌の状態が悪化した」という苦情が、たくさん寄せられています。

　そのほかのサービスはというと……。

「上腕部、肩、首のまわり、背中の上部にアロマオイルマッサージを受けたところ、皮膚がかゆくなり、赤くふくらみ、ただれた」

「化粧品を塗って超音波をあてる施術で顔半分がはれ、シミになった。全治までに3カ月かかった」

「まつ毛にパーマをかけたところ、まぶたがはれて、ただれた。病院で角膜に傷がついていると診断され、視力も低下した」

　また、治療費が支払われたり、裁判になったケースもあります。

　ある女性は、レーザー脱毛のエステを5回契約。

4回目の施術後に激しい痛みを感じ、水ぶくれができました。医師は脱毛が原因のやけどと診断。レーーザーの出力レベルが通常より高かったことが原因とわかり、施術費は返され、治療費が支払われました。

01年5月には東京地方裁判所で、超音波美容器を使った施術で女性にアトピー性皮膚炎を生じさせたとして、エステサロンを経営するイオンケアーに、440万円の賠償命令が出されました。この女性は、ニキビを治そうとエステサロンに通い始めたところ、顔にかゆみを生じ、炎症は背中や肩にも拡大。アトピー性皮膚炎が再発したのです。

判決では、「アトピーの発症や悪化はエステを継続的に受けたためである。会社側は、皮膚炎を生じさせないよう配慮する注意義務に反した」と述べています。その一方で、約1年半エステサロンに通い続けた過失が女性側にもあったとして、請求した賠償額を3割減らしました。

被害の実態を追跡調査した国民生活センターでは、被害があとをたたない原因として、つぎの2つを指摘しています。

① 医療行為に相当する施術が無資格者によって行われている。

② エステティシャンの技術不足や不注意。

アメリカ、イギリス、フランスでは、エステティシャンに公的な資格制度があります。ところが、日本では、日本エステティシャン協会などが認定する民間資格しかありません(スイスのCIDESCOが認定する国際資格もある)。しかも、この協会に参加しているのは6500人だけ。「資格ももたずに就職し、見よう見まねで施術を行っている場合も多くある」のです。

法律で厳しく規制されている理容・美容業と比べて、エステは皮膚や体に与える影響がはるかに多いものです。にもかかわらず、届け出もなく開業でき、技術教育も受けないで施術ができる現状を改めないかぎり、被害は決してなくなりません。

●金銭トラブルも多い

エステの問題は、お肌への被害だけではありません。高額の支払いをめぐるトラブルもたくさん起きています。「美しくなりたい」と思う女心をギュッとつかみ、「エステは無料だから、お得」と見せかけて、言葉たくみにいろいろな品物を売り付けるのです。

「無料エステに友だちと行き、美顔エステコースを契約。すすめられるままに化粧品・健康食品・補整下着と次々に契約したら、総額１２７万にもなってしまいました」（Aさん、20歳）

「街頭で声をかけられて、『ニキビが消えてきれいになるキャンペーン中の特別枠』とすすめられ、高額な化粧品と健康食品の契約をしました。その化粧品でかえって肌荒れがひどくなったのですが、以前の悪いものが出ただけだから使い続けるようにと指示されました。納得いかないし、支払いも困難です」（Bさん、20代）

Bさんの契約額は約48万円です。どうしてこんなに高額の契約をと思いますが、3時間にもわたる勧誘で、断り切れなかったそうです。それに、ニキビで悩んでいた彼女は、潜在的にもっている「きれいになりたい」という気持ちが、強く刺激されたのでしょう。

「19歳の娘が30万円の脱毛エステの契約をした」

「入院した70代の母の家を整理したら、１６００万円ものエステサロンの契約書と領収書が出てきた。日記には、断り切れずに契約したことが記されていた」など、未成年者や高齢者のトラブルも発生しています。

エステサロンの市場規模約３８００億円のうち、物品販売は９９４億円と推定されています。エステの売上げの26％は物品販売によるものなのです。くれぐれも、無料というキャッチセールスにだまされてはいけません。

どうしてもエステを受けたい場合の利用5カ条

わたしなら、エステサロンには行きません。みなさんも行かないほうがいいと思います。それでも、どうしてもエステを試してみたいという方は、つぎの5つを、ぜひ守ってください。

①大きな効果はないことを認識しておく

エステは整形手術とは違います。シミやシワ、たるみは取れないし、小顔にもなりません。きめこまかい肌になることもありません。それに、やせません。エステで可能なサービスは、リラクゼーション、癒し効果と考えたほうが賢明です。

②友人・知人の体験を聞いて、店を選ぶ

それでも、「ニキビのあとが気になる」とか「脱毛したい」などエステをどうしても希望する場合は、口コミでお店を選ぶのが有効です。都合のよいことが誇大な表現で書かれているチラシだけで店を選ぶのは、もっとも危険。実際に施術してもらった複数の友人・知人の話を聞いて、判断しましょう。

③まず1回だけ試し、長期契約はしない

エステサロンでは、初回の費用が安くても、必ず長期の契約を次々とすすめてきます。とくに、若者を対象にした「次々販売」の被害が広がっているので、気をつけなければなりません。「3時間以上も勧誘されて、30万円のアロマエステを契約。2カ月後にダイヤのネックレスを身につけて写真を撮られ、よく似合うとすすめられて、断り切れずに契約した」などの被害があります。

④皮膚に異常を感じたら、すぐに中止する。

ひどい日焼けのように皮膚が真っ赤になってきたのに、「大丈夫です」とか「みんな1回は赤くなります。一過性のものですよ」などと言われ、結局は治療に長期間かかる傷となってしまうケースがあります。エステティシャンは、皮膚科医ではありませんから、皮膚の異常についての知識はないものと考えましょう。自分の肌は、自分で守らなければなりません。ピリピリ、真っ赤、灼熱感などが起きたら、すぐに中止して、医師の診断を受けましょう。

⑤医師に被害を受けたら、警察に被害届を出す。

最近は、整形外科医や病院がエステサロンを経営している場合も多くあります。そうした医療施設でトラブルが起きた場合は、泣き寝入りせずに、警察へ被害届を出しましょう。施術費や治療費が支払われる可能性があります。

＊『たしかな目』00年6月号、01年9月号、国民生活センター。

CHAPTER 4

知って役立つ肌と化粧品の話

Q

パラベンは食品にも使われていて、たくさんの種類があるそうです。それらすべてに、環境ホルモン作用があるのですか？　たいていの化粧品に配合されていますが、やはり絶対に避けるべきなのでしょうか？

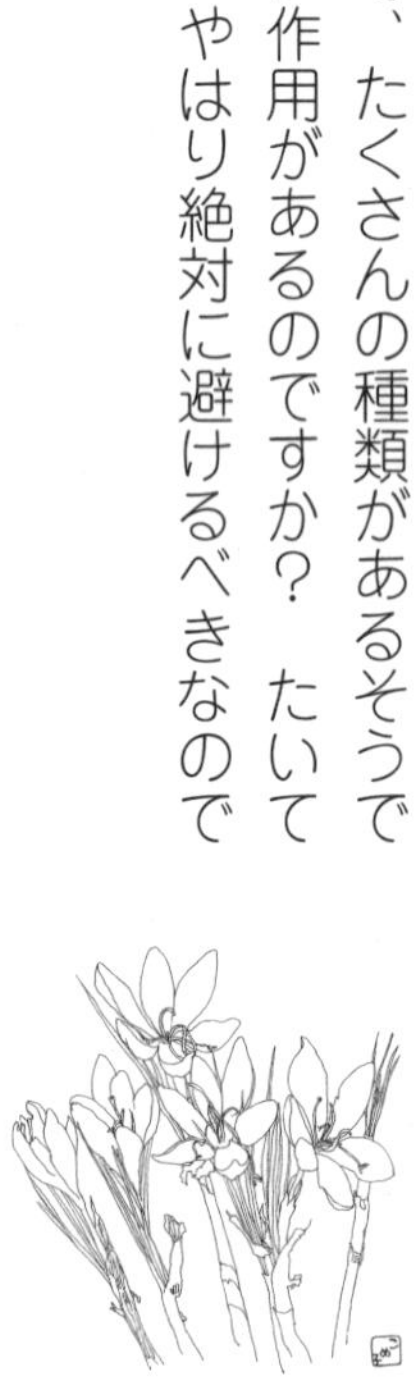

A

さまざまな有害性がある

パラベン(正式にはパラオキシ安息香酸エステル)は、化粧品にもっとも広く使われている保存料です。メチル・エチル・ブチル・プロピル・ベンジル・イソブチル・イソプロピルなどの種類があり、パラベン、エチルパラベン、プロピルパラベンなどと表示されています。2種類以上を併用すると防腐力が強くなるので、ふつうは混ぜて使われます。

化粧水、ファンデーション、口紅、子ども用の化粧品、男性用のシェービングクリームや整髪料、そして入浴剤に至るまで、ほとんどの化粧品に使われているといってもよいほどです。しかも、使用濃度は1％まで認められています。これは、清涼飲料水の基準の、なんと100倍です。

パラベンは以前から、アレルギーを起こしやすいほか、突然変異性、活性酸素を発生させてシミやシワの原因になることが指摘されてきました。加えて、98年になって、すべての種類に環境ホルモン作用の疑いがあることが、わかったのです(大阪大学大学院薬学研究科で行われた酵母を使った実験)。とくに、その作用が強かったのは、ブチルパラベンとプロピルパラベン。環境ホルモン作用は、動物実験でも確かめられています。

さらに、男性の精子を減らす作用があることが、00年12月に開かれた環境ホルモン学会で報告されました。実験を行ったのは東京都衛生研究所。生後3週間たったラットを4つの群れに分け、そのうち3つにパラベンを0・01％、0・1％、1％の割合でエサに混ぜて、8週間食べさせました。その後、精子数と精子完成直前の精子細胞数を数え、精巣や

前立腺などの重さを測定。精巣の働きを知るうえで重要な血清テストステロンの濃度も測りました。

その結果、パラベンを与えた３つの群れは与えない群れに比べて、精子数が2~4割少なくなり、精巣の重さが減少。１日あたりの精子形成数は少なくなり、その効率も悪くなりました。また、血清テストステロン濃度も、与えた量が増えるにつれて減っていったのです。

世界保健機関(ＷＨＯ)は、パラベンを摂取しても健康に影響が出ない量(1日許容摂取量)を体重１kgあたり10mgと定めています。しかし、実験を行った研究員は「それと同じか、あるいはそれ以下で、ラットのオスの生殖機能に有害な作用が出る」と指摘しました。

パラベンが入っているドリンク剤や栄養剤を飲むと、パラベンは分解されずに2時間以内に血中に高い濃度で出てくることがわかっています。かりにパラベンが含まれている化粧品を1日10g使えば、最大で１００mgものパラベンを皮膚にすり込んでいるわけです。どのくらい皮膚から取り込んでいるかの研究をはじめ、使用の規制が早急に望まれます。

これから子どもを産む女性は使用を避けたい

ただし、パラベンに代わる安全な保存料がありません。パラベンが添加されていない化粧品は、ほとんどがフェノキシエタノールを使っています。たとえば、ハーバー研究所のＶＣローションや資生堂のdプログラム デーケアファンデーションなどです。

しかし、フェノキシエタノールは皮膚や粘膜への刺激作用があり、体内へ吸収されると麻酔作用があることも報告されています。西岡一氏(同志社大学教授)は、フェノキシエタノールの危険性をこう指摘しています(『安全な化粧品選び 危ない化粧品選び』講談社、00年)。

「フェノキシエタノールはパラベンより防腐効果が弱いので、かなり多めに加えられ、そのためかえってスキントラブルが多くなります。また、活性酸素を発生させ、シミの原因となります」

では、どうしたらよいでしょうか?

環境ホルモンは、とりわけ胎児への影響が大きいことがわかっています。そこで、これから子どもを産む可能性がある若い女性は、パラベン入りの化粧品を避けるべきでしょう。

Q

子どものころから乾燥肌です。下着は綿100%を着るように心がけていますが、すぐにかゆくなります。寝ているときに背中を無意識にかいてしまい、猫にひっかかれたようになるほど。ウエストの上がとくにひどいです。どうしたらよいでしょうか？

A

まず、皮脂を取らないことが大切です。そのためには、お風呂に入ったときにアカすり、ナイロンタワシ、ネットなどを使わず、できるだけ石けんで洗わないほうがよいでしょう。指を使ってマッサージをするつもりで、こするのです。また、私は温冷浴をしています。暖まるとかゆくなりますが、お風呂から出るときに水やぬるま湯でかゆい部分を一分ぐらい冷やすと、かゆみがおさまります。

そして、寝る前に、かゆくなる部分にメンソレータム（ロート製薬）やオロナインH軟膏（大塚製薬）などを塗ってください。薬局で買うとしたら、もっとも刺激が少ないワセリン軟膏をおすすめします。ゴマ油やオリーブ油でも、かまいません。

わたしの父も、あなたと同じようにかゆみがひどくて、市販のかゆみ止め軟膏を次々に塗りましたが、その軟膏でアレルギーが起き、さらにかゆみが増してしまいました。ひっかき傷があると、アレルギーが起きやすくなります。いままでアレルギーになった経験がなくても、気をつけたほうがよいですね。尿素入りの保湿クリームなどよりも、できるだけシンプルな、メンソレータムやワセリンなど昔からある保湿剤を使ってみてください。そして、どれが肌に合うか、試していきましょう。

私も、冬に脚が乾燥してかゆくなることがあります。そのときはまず酸性化粧水（117ページ参照）を使い、かゆみがひどいときは、ひどい部分にだけメンソレータムを少し塗ります。また、1カ月に1回程度、ゴマ油やエゴマ油をたっぷり脚に塗り、かかとなど荒れやすいところをマッサージするのです。お手元にある油で、乾燥が和らげられますよ。

Q

小さいころから皮膚は丈夫でしたが、数年前に激しい精神的ストレスにさらされて以降、体質が変わって、かぶれやすくなりました。花王ソフィーナの乳液やコーセーのデリカーヌなどで、顔全体に粉をふくような症状が出たほどです。皮膚科ではステロイドの塗り薬や石けんが出されましたが、あまりよくなりません。

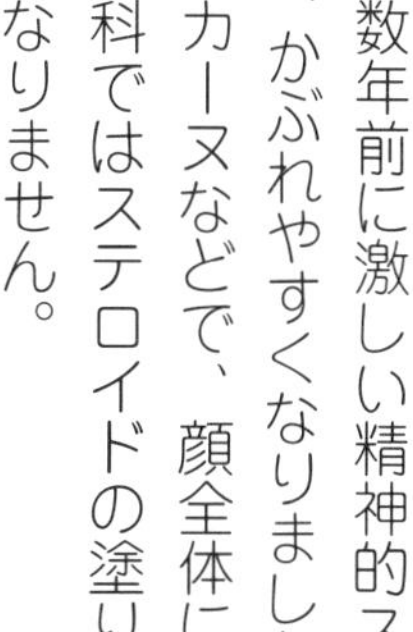

A

「色が白くてきれい」と言われていた肌が、赤くなったり、皮がむけたり、かさついたり、粉がふいたりと、大変な状態のようですね。私も経験があるのでわかります。つらいものです。

ストレスは、肌にとってよくありません。そもそもの原因となったストレスは、解消されたのでしょうか。

そして、食べ方が重要です。穀物と野菜中心の食事をされていますか？　わたしは、あなたと違って若いころからひどい状態の肌でした。実家が薬局なので、ありとあらゆる薬を使いましたが、よくならなかったのです。ところが、40代なかばで難病の膠原病（こうげんびょう）にかかり、それを玄米と菜食で克服したら、肌もかぶれにくくなりました。この経験から、軟膏より、飲み薬より、食事で肌荒れはよくなると実感しています。

食べもののなかでとりわけ大敵なのは、動・植物性の脂肪や砂糖です。それらがたっぷりと使われているケーキ類がお好きではありませんか？　女性の肌のトラブルの原因は、かなりこのケーキ好きにあるように感じるこのごろです。というわたしも、実はケーキが大好きなのですが……。

ケーキをむやみに食べたくなるのは、ふだんの栄養バランスが悪いためではないかと思います。穀物と野菜をしっかり食べる食生活を心がけてみてください。とくに、玄米のおかゆや豆腐、そしてにんじんジュースが体の回復によいでしょう。遠回りのようですが、わたしはこれが一番効きました。おすすめします。

Q

肌荒れや吹き出物がひどくて、皮膚科に通っています。薬を出されるのですが、忙しいためか、パッチテストをお願いしても、受け付けてもらえません。自分で簡単にできる方法と、結果の見分け方を教えてください。

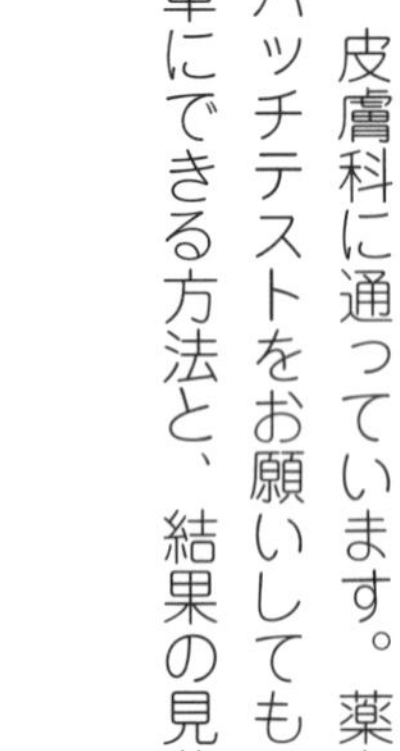

A

だれでもできる方法を2つご紹介します。20分間密封パッチテストと単純パッチテストです。

〈20分間密封パッチテスト〉

① 試す化粧品や薬をろ紙に1滴落とすか、少し塗り、前腕の内側の柔らかい部分に20分間、貼り付ける。

② はがして10分後に、様子を見て判定する。

判定基準は次の6つです。

㋐反応なし、㋑わずかな紅斑（赤くなる）、㋒明らかな紅斑、㋓紅斑と膨疹（ふくらんだ湿疹）、㋔強いアレルギー反応、㋕中央の蒼白化・水泡化。

㋐と㋑の場合は使っても大丈夫です。また、強いアレルギー反応は、赤くふくれあがり、強いかゆみが出ます。

ろ紙がないときは救急絆創膏（ばんそうこう）で代用できます。ただし、救急絆創膏自体でかぶれる場合もありますから、かならず試す化粧品などを1滴落としたものと、何も落とさないものとで、比較してください。

〈単純パッチテスト〉

① 試す化粧品や薬をろ紙に1滴落とすか、少し塗り、背骨近くに48時間、貼り付ける。

② はがして30分後と24時間後の2回、様子を見て判定する。

1回目の反応のほうが強い場合は一過性ですが、2回目のほうが強いか両方とも同じ場合は長く続くので、その化粧品や薬は使えません。

それから、パッチテストもしてくれないような皮膚科には、通院しないほうがよいと思いますよ。

Q

女性成人病クリニックで購入した美容液（5000円）を使っています。主成分はホルモンとレチノールです。レチノールというのをよく知らないのですが、安全性に問題はないでしょうか？　このまま使い続けてよいのか気になっています。

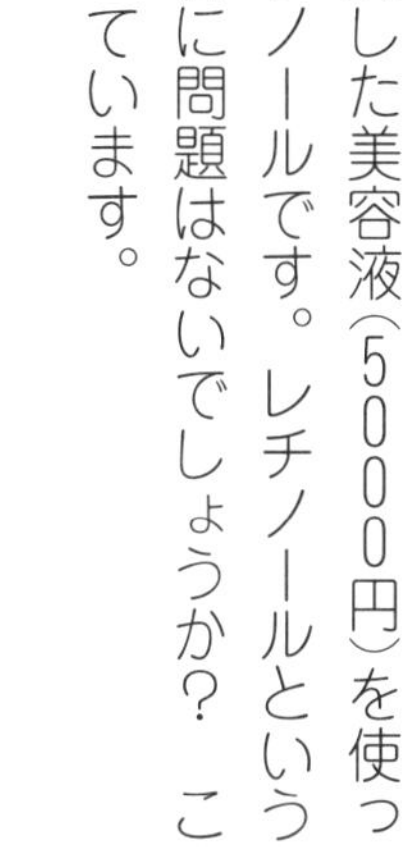

A

病院から出されたものであるうえに、「主成分はホルモンとレチノール」であれば、おそらく医薬品でしょう。外箱に成分が表示されているので、よく見てください。使っていて、かぶれたことがなければ、大丈夫だとは思いますが、あなたの疑問を医師にきちんと話されることが大切です。

化粧品に使われるホルモンは限定されていて、卵胞ホルモンのエスラジオールなどと、副腎皮質ホルモンのコルチゾン・プレドニゾロンなど。使用割合も基準が決められています。

ただし、ホルモンは一般的に薬によって起こる変化が激しく、重大な副作用や発ガン性が報告されています。たとえば、エスラジオールは、女性の更年期障害、子宮の病気、月経異常などの治療に使われているホルモン剤。アレルギー、不正出血、乳房の痛み、頭痛などの副作用があります。また、疫学調査（特定の物質や要素が人体に有害かどうかを比較して調べる研究方法）によると、1年以上使用した閉経期以降の女性は子宮内膜ガンにかかる危険度が高くなり、しかも使用期間・使用量と相関関係があるそうです。

レチノール（ビタミンA）は、70～71ページで書いたように、シワへの効果は確認されておらず、催奇形性に加えて、神経過敏、頭痛、食欲不振、嘔吐、脱毛、かゆみなどの副作用があります。アレルギーも起きやすくなるようです。

こうした副作用は、個々人によってかなり違います。化粧品も薬も自分の状態や症状をよく見極め、上手に使っていきましょう。

Q

保湿成分があるといわれているヒアルロン酸には天然（動物や植物から採ったもの）と、バイオテクノロジー技術を用いたものとがあるそうです。バイオ製品は自然ではなく、人間が製造した感じで抵抗があるのですが、どうお考えですか？

A

ヒアルロン酸は、哺乳動物の皮膚の表皮の下にある組織（真皮）に含まれている成分です。大量の水分をためる能力をもっていて、皮膚の柔軟性やうるおいを保ちますが、年をとるにつれて減っていくことがわかっています。

使われているのは、たとえばピジョンの薬用ローションFのような化粧品の保湿剤だけではありません。美容整形でもよく使われています。もっとも効果をあげている使い方は、プチ整形。シワを取ったり、鼻筋や鼻の先端に注入して形を整えるのです。ただし、注入して半年から1年で体内に吸収されて元に戻ってしまうので、長年にわたって注入し続けることになります。皮膚に塗っただけでは、真皮まで届きません。化粧品に入っていても、皮膚表面の保湿がせいぜいです。

天然のものはニワトリのトサカから採り、バイオ製品は発酵法により製造されます。天然の場合、ニワトリのトサカを細かく砕き、タンパク質を分解して除きます。そして、残りをクロロホルムや硫酸アンモニウムで分別していくのです。こうした製造法をどう思われますか？

自然に存在する成分は不純物が多く、精製に化学的な薬品を多く使い、時間もかかります。それでも、純粋なものは得られません。不純物が多ければ、アレルギーなどの問題が起きます。もしヒアルロン酸が必要とすれば、純粋成分が簡単につくれるバイオ製品のほうがまだ環境にやさしいでしょう。

でも、私は整形するつもりがないし、ヒアルロン酸が含まれている化粧品をありがたがる気持ちもありません。

Q

境野先生は、酸性化粧水をご自分でつくって使っていると聞きました。わたしもつくってみたいのですが、家で簡単にできるのでしょうか？　また、市販の化粧水と同じくらいの期間は保存できるのでしょうか？

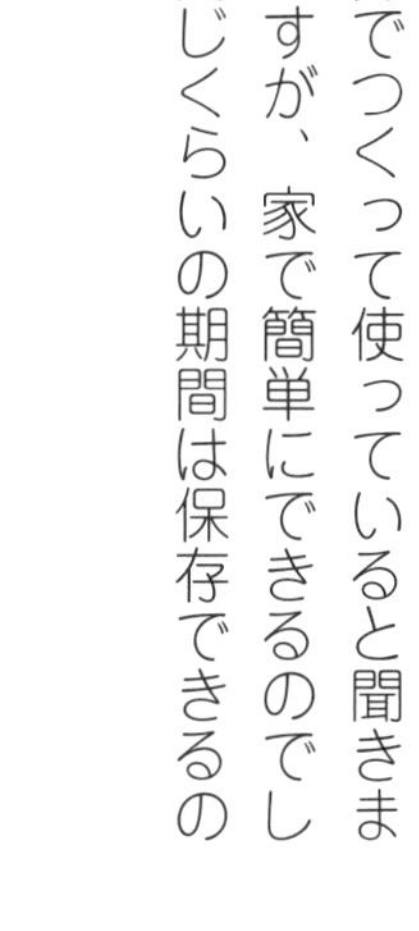

A

だれでも簡単につくれるし、市販のようにはもちませんが、2~3カ月は保存できます。ただし、一部ではやっているアロエやカモミールのような天然素材を入れると保存期間が短くなるので、注意してください。わたしのつくり方は次のとおりです。

〈材料〉

水（20~25℃、740㎖）、クエン酸（10g）、グリセリン（100㎖）、局方エタノールまたは消毒用エタノール（150㎖）。

水はふつうの水道水で十分です。水質が気になる場合は、ミネラルウォーターを使ってもよいでしょう。水以外は薬局で手に入ります。また、無水エタノールという製品がありますが、引火しやすいので、避けてください。

〈つくり方〉

① クエン酸を水200㎖に溶かす。
② ①に局方エタノールまたは消毒用エタノールとグリセリンを加える。
③ ②に残りの水を加える。

保存は直射日光を避け、光を通さない容器に入れます。冷蔵庫に入れれば安心ですね。また、製造年月日を書いておくと便利です。

酸性化粧水をはじめて使う人は、肌が突っ張る感じがすると言います。それは、油分が入ったふつうの化粧水に肌が慣れてしまっているからです。2週間ぐらいがまんすれば、肌が回復してくるので、突っ張り感はなくなるでしょう。

また、強い敏感肌でピリピリする人は、肌に炎症があるためです。半分の濃度に薄めて使ってみてください。その場合は、保存期間も短くなります。

Q

境野さんはいつも、石けんの使用をすすめられています。でも、わたしは、石けんは肌にキツイと聞かされてきました。価格が多少高くても、弱酸性の洗顔フォームを使ってきたのですが、間違っていますか？

A

石けんはアルカリ性です。皮膚や髪は弱酸性ですから、アルカリ性のほうが汚れを落とすのに適しています。皮膚はアルカリの刺激で、いったん弱アルカリ性になりますが、次第に元の弱酸性に戻っていきます。たしかに石けんの種類によっては、アルカリ性が強くて皮膚への刺激性が高く、手荒れを生じる人もいるようです。しかし、最近の製品はずいぶん改善されてきました。かつての「低刺激性石けん」より、刺激性は低いと考えてよいでしょう。

「薬用」「手作り」「自然」などの表示や値段にまどわされずに、自分の肌に合った石けんを見つけてください。仙台市でアトピー性皮膚炎の治療も行っている小児科医の寺澤政彦氏は、「患者さんには、古くから売られている玉の肌石鹸のような固形石けんが安全で安心できるとすすめている」と言います。

また、弱酸性の洗顔フォームは、アミノ酸系の合成界面活性剤が使用されています。脱脂力が強く、汚れは取りますが、皮脂も取ってしまいます。肌や髪の毛は弱酸性であるといっても、弱酸性だから肌にやさしいわけではありません。「弱酸性」自体に効能や効果があるような宣伝は、おかしいと思います。価格も、通常のフォームやシャンプーより際立って高いとすれば、問題です。わたしは、弱酸性の洗顔フォームは使いません。

なお、髪の毛をアルカリ性の石けんシャンプーで洗うと、ゴワゴワしてサラッとしなかったり、フケが出ると訴える人もいます。でも、十分にすすぎ、酢をたらしたり、クエン酸入りでアルカリ分を中和するようにつくられている石けんシャンプー用リンスを使えば、防げるはずです。

Q

化粧品やシャンプーによく使われている物質が、新しくできた法律で「有害汚染化学物質」に指定されたという話を聞きました。それほど環境によくないのは、いったい何に使われているどんな成分なのでしょうか?

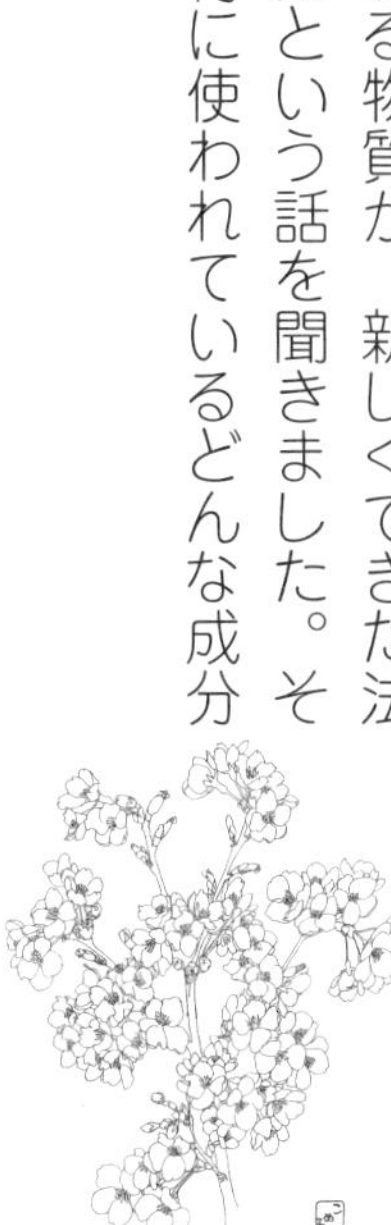

A

99年7月に、通称ＰＲＴＲ法が成立しました。この法律では、発ガン性、変異原性、長期的な毒性、水生生物への毒性などを判断して、特Ａ（強い）からＥ（弱い）までランク分けされています。

特Ａは、「極力使用を止め、排出・移動をゼロに近づける」と定められているように、とても危険な物質です。ほとんどのシャンプーやリンス、洗顔剤に使われているＬＡＳ（直鎖アルキルベンゼンスルホン酸）など6種類の合成界面活性剤は、この特Ａに指定されました。

また、ジョンソン・エンド・ジョンソンのベビーローションＵＶやマックス ファクターのＳＫ-Ⅱフェイシャルロトリートメント ＵＶクリームなど多くの化粧品に使われているエデト酸塩は、人に対する毒性の感作性はＢ、発ガン性はＤです。

界面活性剤は、商品に表示されている名称がクオタニウム-18やステアレス-10のようにさまざまです。使っているシャンプーやメイク落としなどをよく見てチェックしてください。エデト酸塩は、長期的な毒性や変異原性があります。

こうした危険性がある物質を長い時間皮膚に塗っておくのはイヤだと思いませんか。とりわけ、赤ちゃん用の保湿剤に使われているのは問題です。

川や海で生きている魚など水生生物に対する合成界面活性剤の影響については、かなり知られていると思います。それがシャンプーや化粧品にも使われているのですから、お化粧しながらも環境への迷惑を考えないわけにはいきません。

＊浦野紘平『ＰＲＴＲ-ＭＳＤＳ対象化学物質の毒性ランクと物性情報』化学工業日報社、01年。

Q

化粧品にも不良品の回収(リコール)があるそうですが、ほとんど報道されません。どうすれば、情報が手に入るのでしょうか? また、どんな化粧品がどんな理由でリコールされたのか、興味があります。教えてください。

A

化粧品の回収は危険性の程度によってクラスⅠからⅢに分けられていて、医薬品情報提供のホームページ(http://www.pharmasys.gr.jp/kaisyu/menu.html)で検索できます。01年度と02年度の回収状況を調べると、もっとも危険なⅠはさすがにありませんが、Ⅱは6件と24件、Ⅲは28件と26件です。Ⅱは「その製品の使用が一時的な健康被害の原因となる可能性がある」ことを意味しています。

Ⅱの内容をみてみましょう。国産化粧品では、2ミリ×1ミリのガラスの小片が入っていたパウダー、黒っぽい異物が発見されたクリーム、白い糸状菌が付着していた石けん、カビが発生したクリーム、第1剤と第2剤の混合が不十分な場合などに中味が噴出したり容器が破損するなどのおそれがある脱色・脱染剤などです。海外の化粧品では、85ページで紹介したイミダゾリジニルウレアが使われていたマスカラ、アイシャドー、化粧水、クリーム、日本では配合が認められていないホウ酸ナトリウムが使われていた基礎化粧水がありました。

Ⅲは表示に関するケースが多く、タール色素類・オキシベンゾンなどの表示がされていなかった爪用エナメル、「くびれ・身を引き締め・色白肌」などの誤認を起こす表示をしていた入浴剤、「薬用」「消炎効果」「鎮静」など化粧品に認められていない効果の表示をした化粧水、全身洗浄剤とオーデコロンのラベルの貼り違い、発生した炭酸ガスで容器のチューブが膨張した洗顔クリーム、油性成分が分離したクリームなどです。

Q

友だちが、低インシュリン・ダイエットにはまっています。わたしもやせたいので関心があるのですが、母に「安全なのか疑問だ」と言われました。無理なくできるダイエット法だそうですが、本当に効果があるのでしょうか？

A

「おいしいものがお腹いっぱい食べられて、太らない」のが理想だと考える人が多いのは、わかります。でも、なかなかそうはいきません。わたしは膠原病を克服して以来、太らないように食事の質と量に気をつけています。

流行しているダイエット法はすべて、手軽さと期間の短さが特徴です。しかし、飲むだけでやせられて、副作用がないものは、存在しません。その事実を、しっかり頭に入れておきたいものです。やせたい一心で「健康食品」に手を出して、亡くなった人がいたことも、忘れないでください。

低インシュリン・ダイエットは、インシュリンの分泌を抑制する食べ物をメニューの中心におき、脂肪のつきにくい体にするものです。「カロリー制限がなく、食べながらやせられる」のが人気の理由です。食物繊維を多く含む食べ物を食べるようにすすめていて、そのこと自体は間違いではありません。ただし、玄米やサツマイモだって、たくさん食べすぎれば太るに決まっています。

また、他のダイエット法も同様ですが、特定のものばかり食べると、筋肉や骨を弱めてしまうことにもなりかねません。

もちろん、肥満は困りものです。太っている人が高血圧、高脂血症、糖尿病などになる確率は、太っていない人の2倍といわれています。

大切なのは、穀物と野菜を中心とし、肉や魚は少なくして、油脂、砂糖、塩はできるだけ控える食事です。ダイエットや健康に近道はありません。毎日、毎日の積み重ねです。腹八分、あるいは腹六分で、健康に生きていきたいですね。

Q

値段が高いことで有名な美白化粧品SK—Ⅱを販売しているマックス ファクターは、家庭用品メーカーP&Gの子会社と知って、びっくりしました。このように、ブランド名は違っても、もともとの会社は同じというケースが、ほかにもけっこうあるのでしょうか?

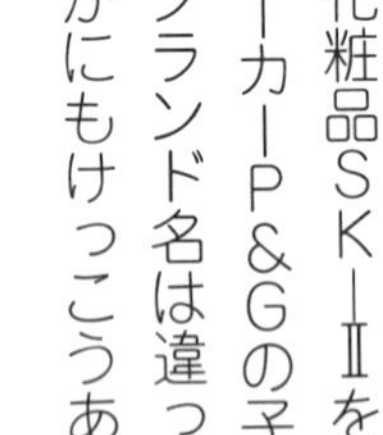

A

そうなんです。たとえば、「100%アレルギーテスト済み」が売り物のクリニーク ラボラトリーズはエスティ ローダーと同じ系列の会社なんですから、驚きました。今日の化粧品業界は、世界市場での戦いを勝ち抜くために、売れるブランドづくりに必死。いまや、目新しさのアピールが大切で、伝統あるブランド名だけでは売れない時代なのです。

この点ですごいのは、なんといっても国内シェア20%を誇る最大手の資生堂。アメリカのメイクアップアーティストブランドであるナーズ、フランスのアロマテラピー化粧品メーカーのラボラトワールデクレオールなど、つぎつぎと買収して海外ブランドを手に入れ、販売網を世界中に拡大させてきました。

資生堂の名前を付けて販売している化粧水のブランドだけでも、オプチューン、ナチュラルズ、リバイタルなど32種類です。クリーム・美容液・ファンデーションも20ブランド以上。そして、資生堂の名前はまったく隠れているのが、イプサ、アユーラ ラボラトリーズ、エテュセ、化粧惑星(コンビニ専用)、草花木果(そうかもっか)(通販専用)、ニュートロジーナなどです。

こうした企業名を隠す戦略は、カネボウやコーセー、さらに外国メーカーも変わりません。

これだけ多種類のブランドから商品を選ぶポイントは3つ。第一に、同じ資本のメーカーなら安いものがお得。品質にそう違いはありません。第二に、新しいブランドは開発費がかかっている割に安全性は未知数なので、2年間は手を出さないこと。第三は、「活性美白効果」「香気成分でやせる」など特別な効果をうたっていない、ふつうの商品を選ぶことです。

化粧品に使われている要注意成分

物質名	種類	おもな用途	毒性・皮膚への障害
＊ジブチルヒドロキシトルエン(BHT)	口紅、クリーム、サンスクリーン剤など	酸化防止剤	アレルギー、発ガン性の疑い、変異原性
＊ブチルヒドロキシアニソール(BHA)	口紅、クリームなど	酸化防止剤	アレルギー、発ガン性・環境ホルモン作用の疑い
＊タール色素	口紅、ほお紅、アイカラー、化粧水など	着色剤	アレルギー、発ガン性の疑い
＊オキシベンゾン	サンスクリーン剤、マニキュアなど	紫外線吸収剤、変質防止剤	アレルギー、環境ホルモン作用の疑い
＊フタル酸エステル類	マニキュア、香水など	保香剤、溶剤、可塑剤	アレルギー、発ガン性・環境ホルモン作用の疑い
＊ホルムアルデヒド	海外の化粧水・マスカラなど	殺菌防腐剤	アレルギー、発ガン性の疑い
＊ジンクピリチオン	シャンプー	フケ防止剤	100万倍に薄めた溶液で稚魚の背骨が奇形を起こす
トリエタノールアミン(TEA)	クリーム、サンスクリーン剤	乳化剤、保湿剤、柔軟剤	アレルギー、刺激、発ガン性の疑い
ポリエチレングリコール(PEG)	クリーム、化粧水、口紅など	保湿剤	発ガン性の疑い
イソプロピルメチルフェノール	ニキビ用化粧品など	殺菌防腐剤	アレルギー、発ガン性・環境ホルモン作用の疑い
オルトアミノフェノール	染毛剤	染毛剤成分	強いアレルギーを起こす、発ガン性の疑い
メタアミノフェノール	染毛剤	染毛剤成分	強いアレルギーを起こす、発ガン性の疑い
パラフェニレンジアミン	染毛剤	染毛剤成分	強いアレルギーを起こす、環境ホルモン作用の疑い
ステアレス-2、ラウレス-7など	ほとんどの化粧品	合成界面活性剤・乳化剤	強い脱脂力、化学物質を皮膚から入りやすくする、環境への有害作用
香料	多くの化粧品	香料	アレルギー、環境ホルモン作用が疑われるフタル酸エステル類が含まれている
チオグリコール酸アンモニウム	パーマ剤	パーマ剤成分	強いアレルギー、かぶれを起こす
トリクロカルバン	デオドラント剤、薬用石けん	殺菌剤	アレルギー、病原菌に抵抗力をつける
トリクロサン	デオドラント剤、薬用石けん	殺菌剤	アレルギー、病原菌に抵抗力をつける
卵・乳・乳製品・小麦・ソバ・落花生などのエキス	多くの化粧品	保湿剤	強いアレルギー
パラベン	ほとんどの化粧品	殺菌防腐剤	アレルギー、動物実験で環境ホルモン作用
フェノキシエタノール	無添加化粧品など	殺菌防腐剤	アレルギー

(注1)＊は、とくに注意すべき成分。

(注2)PRTR法で有害とされた合成界面活性剤は、たくさんの化粧品に使われている。配合量のトータルでの規制、脱脂力が強いものの配合制限などが望まれる。

(注3)パラベンが使われていない化粧品には、フェノキシエタノールが使われている。容器や原料管理など保存料に頼らない保存法の開発を切望したい。

◉ 商品名索引 ◉

◉ メーカー名索引 ◉

あとがき

肌が弱く、使える化粧品に恵まれなかったわたしは、「どんな成分の化粧品なら買えるだろうか」「自分に合う化粧品はあるのだろうか」と、たくさんの種類の化粧品を買い、調べ、使ってきました。その結果、化粧品メーカーの言うとおりに使っていたら、肌はキレイにならないことに気がついたのです。

また、わたしは本文でふれたとおり難病になり、食べ方と生活を変えたおかげで自然と化粧品にかぶれにくい肌になりました。いまでは、冬にクリームや保湿剤をまったく使わなくても、肌は乾燥しません。その体験から、化粧品の使い方に加えて、食べ物やライフスタイルが肌にとても大切であると考えています。

同時に、保湿を重視した化粧品、特別な効果をうたう化粧品、さらには価格の高い化粧品に対して大きな疑問をもつようになりました。そして、素肌を守るための自分なりの方法を貫いています。基礎化粧品は化粧水だけで、マッサージはせず、ふだんはアイメイクなどの濃い化粧をしません。

世の中には、以前のわたしのように、肌が弱くて、よりよい化粧品探しをしている女性がたくさんいます。そうした人たちから、「使える化粧品を教えてほしい」「この化粧品を調べてほしい」という切実な願いを寄せられてきました。とはいえ、調べても調べても、次々と発売され、また輸入される化粧品の数に、追いつくはずもありません。怒涛のようにテレビや雑誌で流される化粧品のコマーシャルを見ていると、化粧品のマイナス情報をひとつひとつ拾い集めていく作業が空しく、悲しいものに思えることも、たびたびです。大海に浮かぶ笹船のような心細い思いになります。

それでも、これまで書いた本を読んでくださった方が、読者カードや手紙にビッシリと体験談を書き、化粧品に関する真実の情報を求めていることに励まされ、大きなエネルギーを与えられ、書き続けてきました。この本が、そうした真実の情報を求めている人たちに届いてほしいと心から祈っています。

二〇〇三年九月

境野　米子

肌がキレイになる!! 化粧品選び

2003年11月1日●初版発行

2007年2月10日●7刷発行

著者●境野米子

発行者●大江正章

発行所●コモンズ

東京都新宿区下落合1−5−10−1002

TEL 03−5386−6972 FAX 03−5386−6945

振替・00110−5−400120

info@commonsonline.co.jp

http://www.commonsonline.co.jp/

カバー・本文デザイン・編集協力／アトリエ・ルリエ

印刷／加藤文明社

製本／村上製本

乱丁・落丁はお取り替えいたします。

ISBN4-906640-70-2 C5077

*好評の既刊書

買ってもよい化粧品 買ってはいけない化粧品
●境野米子　本体1100円+税

プチ事典 **読む化粧品**
●萬&山中登志子編著　本体1350円+税

自然の恵みのやさしいおやつ〈シリーズ安全な暮らしを創る8〉
●河津由美子　本体1400円+税

食べることが楽しくなる**アトピッ子料理ガイド**〈シリーズ安全な暮らしを創る9〉
●アトピッ子地球の子ネットワーク　本体1400円+税

危ない電磁波から身を守る本〈シリーズ安全な暮らしを創る11〉
●植田武智　本体1400円+税

危ない健康食品から身を守る本〈シリーズ安全な暮らしを創る13〉
●植田武智　本体1400円+税

郷土の恵みの和のおやつ〈シリーズ安全な暮らしを創る14〉
●河津由美子　本体1400円+税

安ければ、それでいいのか!?
●山下惣一編著　本体1500円+税

〈増補3訂〉**健康な住まいを手に入れる本**
●小若順一・高橋元・相根昭典編著　本体2200円+税

ローマの平日 イタリアの休日
●大原悦子　本体1800円+税